纺织服装类"十四五"部委级规划教材

服装创意面料设计

Creative Fabric Design for Clothes

赵慧颖　张馨月　主　编

东华大学出版社·上海

图书在版编目（CIP）数据

服装创意面料设计 / 赵慧颖, 张馨月主编. -- 上海:
东华大学出版社, 2023.5
ISBN 978-7-5669-1658-7

Ⅰ. ①服… Ⅱ. ①赵… ②张… Ⅲ. ①服装面料－设
计 Ⅳ. ①TS941.41

中国版本图书馆CIP数据核字(2019)第226854号

责任编辑：谢未
版式设计：上海程远文化传播有限公司

服装创意面料设计
FUZHUANG CHUANGYI MIANLIAO SHEJI

出　　　版：东华大学出版社（地址：上海市延安西路1882号　邮编：200051）
本 社 网 址：dhupress.dhu.edu.cn
天猫旗舰店：http：//dhdx.tmall.com
销 售 中 心：021-62193056 62373056 62379558
印　　　刷：上海当纳利印刷有限公司
开　　　本：889mm×1194mm　1/16
印　　　张：7.5
字　　　数：269千字
版　　　次：2023年5月第1版
印　　　次：2023年5月第1次
书　　　号：ISBN 978-7-5669-1658-7
定　　　价：59.00元

序

　　面料是服装的灵魂与出发点，面料的质感、材质、肌理对服装设计作品起着举足轻重的作用。面料是设计师表达设计情感的丰富语言，是穿着者展现自身魅力的情感诉说……

　　面料材质创新是服装设计师进行创作的重要突破口，是企业保持产品独创性的重要保障，是市场吸引消费者的重要手段，亦是其他领域的设计师进行跨界创作的灵感源泉。如何从普通材料中挖掘艺术表现力，并用最适当的方法将其展现出来，是设计师应该思考的焦点。

　　本书从创意面料开发的角度，深度挖掘不同材料的创新表现效果，拓展材料的跨界应用范畴，寻找服装面料的更多表现语言。用意想不到的材料应用方法打开读者的面料创意思维，开启头脑风暴，共享材料多元世界的奇妙之旅！

　　本书由鲁迅美术学院染织纤维专业与服装设计专业出身的两位优秀教师共同编写，是他们多年教学及社会实践经验的深耕展现。不同于普通的面料再造书籍，本书在面料的创新深度和广度、材料种类及服装应用性上更具创新性、开拓性、前瞻性及合理性，是拓宽设计思路的有利工具，是用心为设计师打造的珍贵献礼。

　　本书列举了大量的创新材料应用实例，其中有笔者大量的试验创作作品，亦有鲁迅美术学院历年来优秀的学生作品。在这里，向为本书提供优秀作品的学生们表达衷心的感谢。

赵慧颖　张馨月

2022 年 5 月 26 日

前言

材料（面料）是服装的视觉呈现形式之一，挖掘服装材料（面料）的艺术表现空间，越来越被设计师关注。创意面料也在服装设计中展现着其独特的魅力。本书以创意面料在服装设计中的应用为出发点，分类介绍不同材料的试验表现效果、材料的跨界应用和新应用，拓展服装面料表达的可能性，希望能给有需要的设计师和学生们提供一点灵感上的启发。

目前市场上的同类书籍大部分倾向于面料再造方向，本书延续了这个方向，又在材料应用范围和创意空间上做了拓展，同时书中还介绍了目前较为前沿性的新型面料。正如老佛爷 Karl Lagerfeld 说："时装的生命力在于它总是与时俱进。时装界需要与新技术结合，才能设计出客户们更喜欢、更容易接受的时装。"新科技带来的新面料为服装设计的发展带来了更广阔的空间。对面料的研究和探索对于服装的创新设计至关重要。

如今设计师都在讲设计思维，但是当下的中国，甚至当下的世界，从可持续发展的角度来讲，也许更需要的一种思维模式是材料思维，也就是我们在做设计的时候要考虑到，我们的社会想要怎么发展，我们的世界需要什么样的资源分配，我们应该用什么样的材料来构建我们的社会，使其健康、可持续地良性发展。这既是推动创新材料的设计和应用的意义所在，也是服装设计师的社会责任使然。

笔者多年的教学经验，为本书积累了大量的素材，希望通过出版，分享一点经验，也请各位同仁多提宝贵意见。

赵慧颖　张馨月

2023 年 1 月 10 日

目录

概述

　　当今世界是科学技术高速发展的时代，是信息化高度发达的时代，是知识加速进化更迭的时代。在全球经济一体化的大环境下，随着当代审美观念的转变和信息共享国际化，人们对服饰的需求和期望也越来越高，单纯的款式造型的变化已经很难创造出弄潮时代的服装作品，无法满足人们追求新奇和个性的审美需求，越来越多的服装设计师开始通过材料的创新来展现服饰设计的个性。三宅一生（Issey Miyake）、帕科·拉巴纳（Paco Rabanne）等时尚界先锋已经开始通过对服装材料的艺术变革，从另一种角度创造时尚。诸如亚历山大·麦昆（Alexander McQueen）、候塞因·卡拉扬（Hussein Chalayan）等前卫设计师也通过对服装材料的创新，设计出令人叹为观止的服饰艺术品。可以说，谁拥有新奇新颖的材料，谁就引领了时尚、占有了市场。因此，注重对材料的开发和创新，把现代艺术中抽象、夸张、跨界等艺术表现形式，融于服装创意面料设计中，是当今服装设计师所关注的重点之一。服饰设计将越来越广泛地与各种材料相结合，呈现出越来越多元化的面貌。

　　面料设计和服装设计这两项工作之间的彼此整合很重要。设计初始，设计师就可以将面料设计与服装整体设计整合起来，因此，设计时要注重面料的选择和创新应用。了解面料的特性很重要，因为只有这样才能更好地驾驭材料，设计出理想中的服装形态。最富盛名的"褶皱"，由日本时装设计大师三宅一生创造，他设计的"我要褶皱"系列，第一次为人们示范出服装是如何与艺术结合的。谈到三宅一生的代表作，人们想到的一定是他的褶皱设计（图0-0-1～图0-0-4），这源自三宅一生的设计理念即A-POC（A piece of cloth）。有别于传统西方对应身体剪裁布料的方式，三宅一生采取倒推的方式，用一块完整布料包裹住人的身体，类似日本的和服与印度传统服饰纱丽的概念，先强调布料与身体的关系，再去开发布料，让人体自己去诠释衣服的形状。从这个理念出发，我们就可以理解，三宅一生对布料研发的重视程度，以及后来的Pleats Please（"三宅褶"）系列的诞生原因了。Pleats Please系列的面料是在1989年被研发出来的，四年后才成为一个独立完整的系列。三宅一生曾表示过"这是Pleats Please，这是Issey Miyake的诞生，通过Pleats Please到全世界，我觉得自己终于成为了一个设计师"。

图 0-0-1　三宅一生作品一

图 0-0-2　三宅一生作品二

图 0-0-3　三宅一生作品三

图 0-0-4　三宅一生作品四

图 0-0-5 三宅一生 BAO BAO Issey Miyake

　　新生代消费者对于三宅一生品牌 Issey Miyake 的认识可能更多的是通过 BAO BAO Issey Miyake 包（图 0-0-5）。其实，这款包最早只是 Issey Miyake 的褶皱系列 Pleats Please 的一个配件系列，2000 年诞生，当时还没有像现在这样片片分离，而是只在布料上粘贴薄片，后来由于长期受到热捧，就在 2010 年单独成立了 BAO BAO Issey Miyake。这系列包由于其面料的特殊性而具有了高度的品牌识别性和个性。

　　织造的方式、印染的纹样早已不是面料设计岿然不动的核心课题，设计师早已不想看着那些浮华却始终无力的面料设计在平面的世界里做困兽斗。而三宅一生利用日本宣纸、白棉布、针织棉布、亚麻布等材料创造出的各种浮出二维世界的肌理，对面料的试验，则标志着一种驱动力的颠覆：掰开、揉碎、重组、突变。有"百料魔术师"之称的三宅一生对面料试验过程的要求近乎苛刻，为了达到一种构造视觉上的满意度，上百次的加工和改进司空见惯。这种内在和结构驱动的面料试验一度惊艳了所有设计领域。

　　传统的面料设计，从基本原理归纳，一般有以下几种常用方法：改变材料的结构特征；在既成品的表面添加相同或不同的材料；对零散材料的整合设计；对原有材料的形态特征进行变形等。但无论哪种，都停留在较为表面的改造上。如今面料设计已如信息技术一样飞速更新迭代，当迪奥（Dior）前任面料设计师亚当·琼斯（Adam Jones）与意大利顶尖纱线制造商 Lineapiu 合作，在开司米面料中织入 24K 金丝和 4% 碳纤维，打造出号称"专业心灵疗愈师"的"轻纱"系列时，设计者甚至声称：只要穿着者注入意念，摩擦双手，再放在胸前，为针织衫充电，它就可以按穿着者的需要改变自己的情绪。虽然听起来玄幻，但是这说明面料设计已经不是停留在呈现视觉效果的层面，而是走向了更复杂的未来。

　　创意面料在服装设计中展现着其独特的魅力。服装从某种意义上讲，也可以被定义为身体艺术品。当设计师跳出服装设计的圈子，换个视角来重新审视服装时，服装也可以成为一件雕塑、一件装置、一件纯粹的艺术品。以艺术家的身份来做设计，便可以天马行空，创意无限蔓延。就像我们常把首饰定义为可以佩戴的雕塑一样，服装也可以被定义为基于身体形态的软雕塑。这样来看，面料就是一种材质，理想状态下，它可以是任何材料，可以是最原始的，也可以是高科技的；可以是静态的，也可以借助人工智能变成动态。从材料出发，寻找有意思的面料，去做有趣味、有创意的服装，是本书的探索方向。

第一章

创意面料的表现形式

第一节　创意肌理

服装面料的美感是体现服装艺术美的重要因素，而服装面料美的精神内涵就是肌理美。面料肌理的二度造型直接影响服装设计的观念表达是否准确，视觉美感是否完美。服装面料的创新肌理形态多种多样，不同肌理形态所产生的美感也不同。在服装设计实践中，要使创新的肌理充分发挥效应，关键在于必须使材料的表面肌理形式与服装整体风格、审美观念及时代特征相适应。

一、创意肌理的形式

（一）面料创意肌理

面料创意肌理，也被称为面料二次设计或面料再造，是指以设计需要为前提，以增强艺术表现力为目标，在已存在的服装面料基础上，利用各种工艺技法对现有的面料进行改造、重组，制造出新肌理，产生新的视觉效果。面料的外形表现就是面料形态，创意面料就是通过面料再造的不同工艺技法，产生不同的肌理特征，再由肌理特征的差异性使创意面料呈现独特的形态特征，传达设计者的审美与情感。

服装设计从构思阶段开始，无论是从意境、感受方面构思，还是从形态结构或色彩、纹样方面构思，最后都要落实到如何通过材料来体现设计构思这个问题上。确定服装主题和风格后，要根据服装的穿着功能和不同的穿着环境，最大限度地发掘材质的肌理美，在面料的自然肌理满足不了设计需求的情况下，结合服装的风格进行肌理创新设计。在服装的创新肌理设计和运用方面，很多服装设计大师做了出色的尝试。早在材料种类还很单调的20世纪30年代，被称为"斜裁之母"的法国设计师玛德琳·维奥耐特（Madeleine Vionnet）就采用了打褶、编织、镂空等手法对服装面料进行再创造，改变其表面的肌理，使服装拥有丰富的艺术审美和生命力（图1-1-1、图1-1-2）。以褶裥闻名于世界的日本设计大师三宅一生，就是利用起皱质地或撕破的材料，创造出具有坦率、粗豪、淳厚的质感肌理，给人带来一种自然、纯朴、原始、野性的视觉冲击力。

经过创意设计后的服装面料，可以直接应用于服装整体设计的过程，进一步突显出创意设计面料的创新特色。同时，还可以将创新设计的面料应用于服装的局部设计，与整体服装的形式和内容互相呼应，进而产生出独具匠心的视觉效果（图1-1-3、图1-1-4）。在服装设计的过程中，通过应用局部设计的形式，如在胸部、腰部、肩部、臀部等位置使用创意面料，使得服装设计局部显示出较为丰富和立体的效果，进而与整体服装设计形成鲜明的对比。局部设计与整体设计相互结合，面料的材质肌理、形式、色彩等内容与服装设计相互协调，能够更好地实现让人眼前一亮的效果。

图 1-1-1　法国设计师玛德琳·维奥耐特作品一

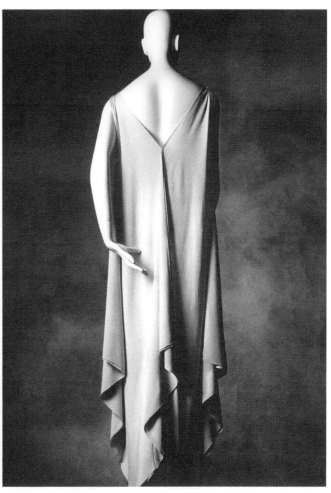

图 1-1-2　法国设计师玛德琳·维奥耐特作品二

图 1-1-3　英国圣马丁艺术学院硕士毕业生海利·格伦
德曼（Hayley Grundmann）作品

图 1-1-4　维特·罗夫（Viktor & Rolf）
2016 年秋作品

注释：玛德琳·维奥耐特的
"斜裁法"主要以 45°对
角裁剪布料，以便发掘布料
的伸缩性与柔韧性；使用此
方式剪裁的服装不仅能够贴
合、包裹身体，同时能给予
身体足够的活动空间，也因
为斜向剪裁改变了布料垂坠
的方式，获得更流畅的轮廓。

（二）特殊材料肌理

服装设计是一门对材料依附性很强的艺术，只有通过不断的实践才能真正认识材料的性能。在设计的过程中，加强对材料再造肌理效果的研究，增加服装造型设计动手制作的实践环节，才能获取更多的直接经验，做出好的设计。将特殊材料（非常规服装材料）运用到现代服装设计中，必然会带来新的视觉效果和审美体验（图 1-1-5、图 1-1-6）。这需要大胆尝试新材料，对材料反复试验，在试验中获取最好的效果。

二、创意肌理的分类

在服装设计中，各种肌理的组合变化可以创造出不同的时装风格。比如：亚麻、棉布、丝绸、织锦等面料和皮革、绳带进行绣、嵌和补缀相结合，可形成粗犷和细腻的质感对比；利用花边、流苏、羽毛、兽皮毛等点缀装饰锦缎、金丝绒、天鹅绒等材料，又可以创造出华丽和天然相交融的情趣；用一些特殊的材料，比如纸张、塑料、橡胶、金属丝、箔纸，甚至一些边角面料、线头、废弃物等，在其他材料上进行刺绣、印染、镶嵌、滚边等，可以营造出一些荒诞怪异的前卫风格。天才设计师约翰·加里亚诺（John Galliano）就十分擅长把各种材料随意搭配，在设计中，他常常把雪纺、蕾丝、牛仔、貂皮等不同肌理的面料随意搭配和创新，或俏皮、或浪漫、或野性，使服装款式的细节部分、材料、色彩都相得益彰，恰到好处地表现出所要表达的情感（图 1-1-7、图 1-1-8）。总之，不同形式的创意肌理，有着不同的艺术风格和情感。

图 1-1-5　马丁·马吉拉（Maison Martin Margiela）2012 秋季高级定制

图 1-1-6　作者：张希飞　材料：帆布、工业油漆，2014

图 1-1-7　约翰·加里亚诺作品一　　　　　　　　　　　　图 1-1-8　约翰·加里亚诺作品二

（一）残破型肌理

纵观从古至今的创意面料形态，无论是古代服饰的绣、绘、印染、贴工艺，还是近现代服饰的提花、压胶、挂染、丝网印刷工艺，不难看出设计师在创意面料的设计和制作过程当中，通常都按照传统意义上"完整的美"的标准去改善现有面料的形态，即始终保持设计纹样的完整性、材料的完整性、工艺形式的完整性等，创意面料常常呈现出一种精美细致、完美无缺的美。而如今越来越多的设计师在创意面料的设计和制作过程当中，有意识地运用带有破坏性的手段，如烧、磨、撕、腐蚀、灼伤、拉毛等，去破坏设计纹样的完整性、材料的完整性、工艺形式的完整性，体现出一种有别于传统的"残缺的美"，从而达到改善面料的目的（图 1-1-9、图 1-1-10）。

服装与艺术的结合是非常紧密的，任何艺术上的革新都会给服装带来新的表现形式。20 世纪 70 年代西方社会的后现代主义文化意识逐步地开始流行，后现代主义艺术思潮对服装艺术造成了巨大的影响。"后现代"是与"现代"相对应的词。后现代主义的"后"除了表达时间先后外，最重要的是表达了"对立"的意思，即与现代主义的对立。后现代艺术破坏现代艺术建立起来的审美标准。在后现代社会中，服装的审美标准正在消失，缝头外露的裙子、留毛边的衣服、有破洞的裤子等，这些违背传统审美的残破型创意在服装设计中随处可见。

服装是人类创造的文化形态，服装的本质就是文化。街头文化、同性恋文化、虐恋文化都属于亚文化的分支，这些文化影响下的服装常常也表现为"反传统""反艺术"的倾向。这些文化总是偏离甚至排斥传统文化，这些服装总是冲击传统服装的审美，推崇怪诞的时尚和外表，来标榜自己的与众不同。撕成条状的花边、千疮百孔的衣袖、破损折旧的牛仔，都是这些亚文化常见的服装语言，这些服装语言在一定程度上表达了残破型创意面料的另类美在服装中的表现形式。

从整个服装发展史来看，残破型创意面料比完善型创意面料在服装设计中的运用相对较晚。最早使用残破型创意面料进行服装设计的设计师，首推女设计师艾尔莎·夏帕瑞丽（Elsa Schiaparelli），20 世纪 30 年代，她受超现实主义的影响首先推出"破烂装"，但当时的大众审美意识并不接受此类服装。20 世纪 60 年代，传统的文化形态价值观念、时装的典雅主张出现被抛弃的现象，服装设计中时常出现残破型创意面料的影子。20 世纪 80 年代前后，运用挖洞、撕扯等工艺制作的"衣衫褴褛"成为服饰潮流之一。20 世纪 90 年代以后，服装的发展呈现出国际化和多元化，大众审美意识随之改变，人们接受的服装风格越来越多元化，残破型创意面料不断地在服装设计中涌现。

图 1-1-9 残破型肌理效果一

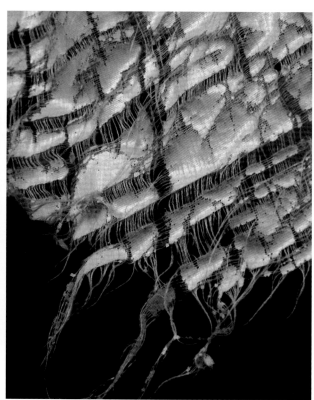

图 1-1-10 残破型肌理效果二

注释：设计师艾尔莎·夏帕瑞丽于 20 世纪 30 年代在画家达利的协助下设计出"破烂装"，成为 20 世纪 80 年代前后的潮流。达利还为她设计了一款"电话机手提袋"，上面装饰有刺绣的老式电话机拨号盘。这样超现实主义的手法使艾尔莎的时装充满了前卫的时代气息。后来，立体主义大师毕加索建议艾尔莎把报纸作为图案印到纺织品面料上。日后，这种报纸图案成为时尚，直至今天，我们还可以见到这样的服装图案。

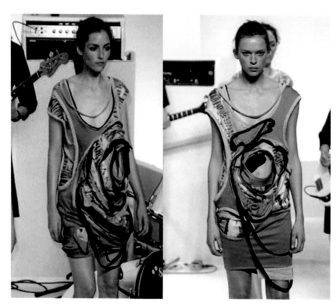

图 1-1-11 候塞因·卡拉扬作品

图 1-1-12 蔡国强与三宅一生合作的作品

近年，具有颠覆性艺术表现力的面料再造技法，被运用到残破型创意面料设计中。如：曾在巴黎世家担任创意总监的约瑟夫斯·梅尔基奥尔·堤米斯特（Josephus Melchior Thimister）在名贵的丝绸上泼洒热蜡制造破坏感；英国面料设计师珍妮特（Janet Stoyer）利用激光和超声波进行面料切割、蚀刻、雕刻和焊接，制造面料形态的灼伤效果；设计师候塞因·卡拉扬将面料与铁屑共同埋于潮湿的土壤里，以此在面料上制造锈斑效果；日本服装设计大师三宅一生与中国艺术家蔡国强合作，利用火药的爆破在服装上留下诡异的燃烧的巨龙图案……可以看出，残破型创意面料已广泛运用于服装设计，而且受到了更多设计师的关注（图1-1-11、图1-1-12）。

（二）塑型类肌理

塑型肌理是依据材料自身特点对其表面进行加工再造而产生的新肌理。在设计中，通过巧妙地组织不同材料的肌理效果来体现服装丰富的层次，运用相应的工艺技法，使面料本身形成新的且呈堆积三维化的固定肌理外观。这是服装表面肌理由平面转化成立体的重要表现形式。通过褶皱、褶裥、堆积、抽缩、绗缝等手法，使材质表面形成浮雕感等触感强烈的立体效果。

1. 褶皱

褶皱是服装设计中的重要元素，褶皱的正确运用能够使服装设计产生叠加的美学效应，从而增加设计和服装本身的商业价值。褶皱通过折叠织物或将织物收紧以形成特定的立体线条。褶皱形成的立体线条在视觉上呈现出结构美感，同时还能够增加服装的立体感和织物的质感。褶皱的应用在古希腊时期蓬勃发展，古希腊服装的褶皱设计作为一种历史和文化符号被当代设计师继承和模仿。褶皱起到装饰作用的同时也满足服装的功能要求。在特定的服装造型中，织物的原始特征和外观经常通过面料塑型的方法来改变，褶皱的表现拓展了面料的伸缩性与延展性，同时也为创意面料的开发设计带来了无限的表达空间。面料固定起皱技术是这一类技术的典型，日本著名设计师三宅一生发明的"一生褶"，也属于这种类型的材质解构（图1-1-13～图1-1-16）。

图1-1-13 三宅一生作品一

图1-1-14 三宅一生作品二

图 1-1-15　三宅一生作品三　　　　　　　　　　　　图 1-1-16　三宅一生作品四

褶皱面料因本身纹理或表面肌理的不同而表现为或细腻，或粗犷。根据不同的设计使用需求，设计师所选用的褶皱面料也存在较大的差异性。褶皱面料的应用可大致分为以下几种类型：

（1）柔软型褶皱面料

柔软型褶皱面料具有良好的悬垂性。丝绸、麻和棉织物是典型的柔软型褶皱织物。全棉的织物柔软舒适，吸湿透气；麻质面料挺括爽滑，古朴典雅；真丝面料自然，光泽柔和，凉爽舒适，饱满有弹性。柔软型褶皱面料多用于古典优雅风格的服装设计。

三宅一生 2016 春夏系列"Botanical Delights"时装属于这一类型，灵感来自充满活力的热带丛林。该设计升级了 3D 蒸汽延伸技术，采用纯天然纤维和全新的烘烤延伸技术而设计出崭新的成衣系列。这种技术的应用过程如同烤面包，首先在织物上涂抹可在高温下展开的特制胶水，随着胶水因高温而扩展，永久性褶皱在织物上形成并展现出独特形态。该系列设计色彩明亮跳跃，且多运用彩色曲线图案。曲线褶皱颜色与粗细变化赋予了服装节奏美感。天然材料的使用使得服装的褶皱形态和整体颜色生动丰富（图 1-1-17）。

（2）硬挺型褶皱面料

硬挺型褶皱面料的艺术表现力最强。其具有良好的立体属性、丰富的轮廓和清晰的线条。典型的硬挺型褶皱面料有牛仔布、皮革和帆布，有的设计甚至将纸类作为硬挺型面料使用。硬挺型褶皱面料能突出面料的边缘细节，使成衣更具立体感却不失流畅性。

三宅一生 2011 秋冬系列采用该品牌独特的轮廓风格，服装的肩部、胸部、领口与裙边遍布几何图形。在秀场上，服装助理通过折叠、装订纸带或折纸等方法在几秒钟内将白纸变成裙装、夹克和燕尾服，整个过程仿佛在展现设计过程中的服装纸样。从平面造型向立体造型的快速转换令观众惊叹不已，作品在呈现艺术性与实用于性一体的设计风格的同时也体现了服装的对称与均衡之美（图 1-1-18）。

图 1-1-17 三宅一生 2016 春夏系列作品

图 1-1-18 三宅一生 2011 秋冬系列作品

图 1-1-19 三宅一生 1995 春夏秀作品一

图 1-1-20 三宅一生 1995 春夏秀作品二

　　三宅一生褶皱系列中另一经典设计灯笼裙（图 1-1-19、图 1-1-20），灵感来源于折叠纸灯笼。灯笼裙的设计选用了三种色彩，打破了既定的平衡法则，形成了无形的视觉张力，呈现出对比之美，使作品产生了独特的艺术魅力。纸灯笼一般的塔式裙体穿着时完全立体，而散在地上时又是完美的平面化。三宅一生被设计师同行们称为魔术师，他利用数学几何计算的方法，跟计算机工作室合作，把衣服像三明治一样放入热压机处理。和以前的衣服不同的是，这些褶皱会永久保存，成为有"记忆"的布料。

　　（3）光泽型褶皱面料

　　光泽型褶皱面料具有良好的表面光泽，平整光滑，且表面可反射光线。典型的光泽型褶皱面料有皮革和涂层面料。光泽型褶皱面料因自身特性具有良好的视觉效果和舞台表现效果，适用于晚会、舞台表演服装的设计。三宅一生的这一系列作品（图 1-1-21、图 1-1-22）由于褶皱多而细，整个系列服装面料非常贴合人体，由于面料的光感，服装在舞台上呈现出具有现代科技感与时尚感并存的视觉效果。

（4）透明型褶皱面料

透明型褶皱面料的最大特点是质地轻盈通透，代表性面料有蕾丝、雪纺和欧根纱等。蕾丝面料是透明型褶皱面料中使用得最广泛的面料，因其轻薄特性能展现轻盈浪漫的魅力并体现现代女性温文尔雅的气质，广泛应用于女性夏季服装设计（图 1-1-23、图 1-1-24）。

2. 堆积

在服装设计中，为了达到让面料立体的效果，堆积的方式是常用的技法之一。不同的面料，其堆积所呈现的效果也不同。使用堆积手法可以使面料看起来厚重而有质感，通过不同的堆积方式也可以表现不同的形状，堆积技法具有很强的造型功能。

图 1-1-21　三宅一生作品一

图 1-1-22　三宅一生作品二

图 1-1-23　Pleats Please Issey Miyake 2011 作品一

图 1-1-24　Pleats Please Issey Miyake 2011 作品二

堆积肌理代表设计师川久保玲 (Rei Kawakubo)，在堆积手法的运用上不仅具有创新性而且作品极具视觉张力，她擅长使用不同材质面料的堆积手法，在面料的裁剪、拼贴设计上都能给服装带来不同的视觉体验，使面料在服装上更加具有独特性、创新性。堆积的手法在服装设计中的运用也是多种多样的，例如在 Comme des Garçons（川久保玲时尚品牌中文译名"像小男孩一样"）2015 年春夏发布会中，川久保玲运用了变化多端的面料堆积方式，而且把不对称的层叠设计发挥到了极致，充满立体建筑结构的布条层叠缠绕，呈现出极具特色的美感，整件服装厚重大气，宛如行走的雕塑（图 1-1-25、图 1-1-26）。在川久保玲眼中，红色是"血液和玫瑰"的颜色，象征着重生。2015 春夏系列的创作中，仅用了红色这一种颜色，却凭借匪夷所思、变化多端的廓型以及鲜花与暴力元素的使用，给人以强有力的视觉冲击。

3. 绗缝

绗缝指一种缝制工艺方法，是将棉絮、线绳或者其他填充物夹在面料之间进行缝补，形成特殊的肌理效果，如果在此基础之上加以装饰，可以使面料肌理形成凹凸的立体图案，很有特色。绗缝一般就是用小针距的平针来缝，因此手工绗缝的基础就是平针，有些人也把小针距的平针叫作绗针。绗缝这种工艺在以前很普遍，中国古代的绗缝在各个民族中都有使用，最简单的绗缝一般是缝成菱形，在菱形地上绗缝出花纹。在日本的很多概念装中都应用了绗缝和填充相结合的方法，使服装出现大体量、起伏交错的肌理效果。绗缝可以产生凹凸不平的浮雕效果，有些类似建筑浮雕，使服装图案更加真实、清晰，并且形成自由灵活的裁剪。

图 1-1-25　川久保玲 Comme des Garçons 2015 春夏作品一　　　图 1-1-26　川久保玲 Comme des Garçons 2015 春夏作品二

（1）章法

在做绗缝作品设计时，除了选色和选材的过程外，用线的技法是最主要的，是控制整个绗缝作品美感的关键工艺。用线的形式以及如何进行绗缝，都是需要精心设计的。传统的绗缝艺术主要是根据服装风格的不同采用不同的绗缝工艺，所谓"章法"就是指绗缝时的整体工艺设计。在进行服装设计构思的时候，根据风格的不同，选择相应的绗缝章法的方案。在实际操作中，经常选择几何形状来直接构成图案，几何形状虽然看上去比较呆板，但是不同样式的几何形状拼合起来，会产生不一样的秩序美感。几何形状运用得别出心裁，产生的效果会非常好（图1-1-27、图1-1-28）。在章法艺术表现形式中，最主要的表现手法就是拼接，拼接出来的图案基本上没有重复，鲜活生动，富于个性。同时，在进行绗缝的过程中，可以设计绗缝的风格，杂乱无章是一种美，整齐排列也是一种美，都能很好地将服装的风格突显出来，该艺术表现形式也是构建服装作品形态的基本形式之一。

（2）配色

绗缝的艺术表现形式还突显在配色上，在进行绗缝的设计时，选择适合的配色，将绗缝技术整体融合于服装风格，才能产生较好的视觉效果（图1-1-29）。一般绗缝在配色上都选择比较淡雅的颜色，这样能够让人们将视线关注到衣服的绗缝技术上，也才能突出绗缝工艺的精良，为整个布料添彩。另外也有些绗缝艺术作品反其道而行，在绗缝工艺上并没有进行多么巧妙的设计，看似普通的设计就需要有鲜艳的配色，加入鲜艳的配色之后，形成的作品带有丰富的元素，也是一种富于趣味的美。

（3）针法

绗缝中常常会与刺绣结合，刺绣最主要的表现形式就是针法，与此同时，绗缝的表现形式中最主要的也是针法，针法有多种形式，针对不同的绗缝类型和风格，针法也有较大的区别。不同的针法会体现不同的效果，在制作服装作品中讲究手工的精细，手工精细的标准之一就是针法的规范，刺绣中的很多针法可以运用到绗缝作品中。将绗缝运用到现代服装中能产生很丰富的表现效果，针法的变换体现着不同的主观设计意识，将这些主观意识融入现代服装设计，也能让现代绗缝工艺生动而充满灵性（图1-1-30、图1-1-31）。

绗缝艺术最大的特点就是在既保证"本"的基础上，又为作品添加了"形"，突显了"质"。因此，运用绗缝这门传统的艺术形式设计出来的独具特色的现代服装兼备美感和实用性，也让绗缝在服装设计中大放光彩。

图1-1-27　香奈儿2015秋冬高级定制　　图1-1-28　巴尔曼（Balmain）2012秋冬作品　　图1-1-29　彼得·皮洛托（Peter Pilotto）2017秋冬作品

图 1-1-30　绗缝图案作品（夏帕瑞丽高级定制）　　　　　图 1-1-31　绗缝服装肌理[乌克兰设计师埃琳娜·斯利夫尼亚克（Elena Slivnyak）作品]

绗缝工艺与时尚界颇有渊源，可可·香奈儿（Coco Chanel）从 1955 年便开始将绗缝工艺使用在 2.55 手包上。克里斯汀·迪奥 (Christian Dior) 先生则从一张拿破仑三世的椅子中获取灵感，设计出迪奥最著名的藤格纹（cannage），并应用于品牌经典手包 Lady Dior，从而使该手包成为皇室名媛和明星们的最爱。此后一直到今天，绗缝纹理依然是设计师喜好的元素。

（三）传统工艺肌理

在处理传统与现代的关系上，应多采用"双轨制"的方针，在努力发展现代设计的同时，注意对传统手工艺的保护与发展。编结、刺绣、手工印染等手工艺本身有着悠久而灿烂的历史，它们与现代服装设计的融合能够形成独具个性的视觉效果，呈现出丰富的纹样、肌理及立体的造型，而且蕴涵着传统文化的内涵和生态观念。设计是一个国家的民族文化观和美学观的体现。在流行趋势和服装风格多元化发展的今天，深入探索如何将传统手工艺巧妙地运用在技术与艺术、工艺与设计、继承与创新的交织、碰撞中，使其得以传承和发展，是当代设计师需要面对和思考的问题。对传统技艺的传承和创新将引导服装设计师更好地把握工艺的特性，并在设计过程中恰当地进行塑造呈现，使我们的民族文化在服装设计中绚烂绽放。

1. 刺绣

在服装设计实践中，面料再造设计成为改变服装外观与形态的主要形式，"刺绣"是服装面料再造设计中最传统的、用法最为灵活的重要工艺技法。随着技术与材料的发展，刺绣工艺形式也在不断创新。服装面料中常用的刺绣方法包括传统刺绣、现代刺绣、手工刺绣、机绣等。刺绣工艺形式的多样化及创新应用，能够丰富服装面料造型设计的效果。在高级时装上，运用刺绣工艺进行装饰强调服装款式造型，体现服装风格，是服装设计师惯用的、熟悉的设计内容，也是服装设计创新的重要手段。服装设计中刺绣工艺常集中在袖口、衣领、胸襟、裤脚、裙摆等位置，也有设计师巧妙地将其运用于箱包、鞋帽的装饰。

"刺绣"俗称"绣花"，以绣针引彩线（丝、绒、线），按设计的花样，在织物（丝绸、布帛）上刺缀运针，以绣迹构成纹样或文字。这是用针和线把设计添加在任何存在的织物上的一种艺术形式，类似于绘画。它的基本元素是针法，包括齐针、套针、扎针、长短针、打子针、平金等几十种，种类丰富，各有特色。

服装面料中常用的刺绣工艺有彩绣、贴布绣、串珠绣、雕绣、缎带绣等。

彩绣即彩线绣，是最具代表性的一种传统刺绣方法，中国传统的四大名绣都属于彩绣。彩绣通过针与线穿梭中形成的点、线、面或加入包芯，形成富有变化且具有立体感的图案。彩绣是中国传统的旗袍最常用的刺绣工艺，用各色的彩色丝线，通过重叠、并置、交错产生丰富的色彩变化。彩绣的针法多变，布面肌理丰富，图案层次分明，风格既可细腻又可粗犷，能很好地表达设计效果，在服装面料中的运用也较为普遍（图1-1-32）。

贴布绣，源于印度和波斯，是一种按照设计好的图案，剪出适合的形状、纹样，贴缝固定在底布上的技法，可以与其他刺绣工艺结合起来运用，能给服装增添独特的装饰效果。利用装饰图案的轮廓，在其周围进行锁缝，即成贴布绣。贴布绣是常用的刺绣工艺之一，具有装饰性强、美化效果好、制作方便、成本低、牢度好、实用性强的特点，在童装设计中的运用较多。

串珠绣即钉珠，是利用各种材料（亚克力、玻璃料制品、宝石、金属铆钉、工艺制品等）制成的长、短、方、圆、棱、粒等不同形状的珠子和亮片，用线穿起来后钉在衣物上的镶绣技法。可根据服装设计的主题，利用材料的形状和闪亮的色泽，巧妙地排列组合成钉珠图案（图1-1-33、图1-1-34）。

雕绣又称镂空绣，针法以扣针为主，有的花纹绣出轮廓后，将轮廓内挖空，用剪刀把布剪掉，犹如雕镂，故名（图1-1-35）。雕绣效果层次分明，立体感强，多用于女装设计中的领子、衣摆、裙摆等细节部位。

缎带绣，源于中国，即使用缎带刺绣。把丝带以折叠、收褶、抽碎褶等方式固定刺绣。丝带的光泽感及重叠方法，使面料立体感强，能表现出其他刺绣工艺不能达到的效果。缎带绣多用在婚纱或礼服上，立体有层次，极富装饰性。

图1-1-32 郭培2013中国新娘之《龙的故事》高级时装

图1-1-33 侯璎芷、马棕瀚作品

图1-1-34 侯璎芷、马棕瀚作品

包梗绣，源于法国，也称盘梗绣，主要特点是先用较粗的线或棉花打底，使花纹部分隆起，然后再用绣线包裹住，一般用平针针法。包梗绣能够突显图形的轮廓，使面料起伏多变，装饰性强。

除此以外，抽纱绣、褶饰绣、镜面绣等也是常用的面料造型的刺绣方法。刺绣这种面料造型手法在服装设计中的运用，是装饰性与实用性的完美结合。中国传统的礼服和旗袍、日本的和服、欧洲的宫廷服饰和婚纱等高级服装，都大量运用了刺绣工艺。在普拉达（Prada）、香奈儿（Chanel）、玫瑰坊等国内外奢侈品品牌中，也都可以看到精细的刺绣。

新型材料的不断涌现、各种材料的综合混用手法日趋成熟、常规材料的新处理方法不断出现等因素，都给刺绣工艺带来了进一步创新的空间。时尚的弄潮儿或改变刺绣材料，或改变刺绣方式，或单纯运用，或复杂结合，或改变图案的刺绣风格，抑或综合运用不同形式的刺绣工艺，都可以给人以全新的视觉体验。这些刺绣饱含着东方情怀，无论是西方人喜欢的花鸟草鱼还是中国传统的金龙彩凤，大量运用了各种刺绣工艺的精致面料都是时尚舞台上璀璨的闪光点（图 1-1-36）。

2. 编织、编结

可用于编织、编结设计的材料包括麻类（从各种麻类植物取得的纤维）、毛类（动物皮毛纤维，如羊毛、驼毛、兔毛等）、丝类（蚕丝即真丝）、棉类（各种天然棉）、竹、藤、草类等其他自然界中的天然纤维材料，以及化学纤维、金属纤维、塑料纤维，现成品材料等。用不同纤维的线、绳、带、花边等材料，通过编织、钩织或编结等手法，形成疏密、宽窄、连续、平滑、凹凸、组合等变化，可直接获得一种肌理对比的美感。

图 1-1-35　范思哲 (Versace)2012 春夏秀场　　　　　　图 1-1-36　郭培 2013 高级时装，中国新娘之《龙的故事》

用纤维或者类似的绳带为主要材料，采用穿插组织制作的作品，属于编结艺术的范畴。编结设计要充分考虑材料的特点。古老的手工编结多采用自然界中存在的动物纤维、植物纤维。随着科技的进步，新材料层出不穷，化学纤维包括人造纤维和合成纤维开始大量应用于编结工艺，编结材料的选择范围在不断拓展。一些创意类的服装设计甚至用到了纸质材料（包括各种手工造纸和工业造纸）、无机材料（包括各种金属线材、玻璃纤维线材）以及有机材料（包括各种橡胶、塑料纤维、热变形材料等），经过劈搓、加捻、卷磨、锤打等工艺处理，使这些材料具有柔韧性、可塑性等特点，以便于编结。

2012 年春夏巴黎时装周上帕科·拉巴纳品牌的新任设计师曼尼什·阿罗拉（Manish Arora）发布的最新系列主题是"光"，用闪光金属硬丝编结串连塑料以及金属亮片，有着珠片的纹理和光纤般的色泽（图 1-1-37、图 1-1-38）。该系列与 20 世纪帕科本人的设计相比，不同之处在于现代的科技手段使金属编结的服装更加合体、更加轻盈，相同之处就是出神入化、多变精致的金属编结手工艺。虽然帕科·拉巴纳品牌每一个系列的服装都有其特殊的品质，但是，对于材质的自身特质与作品风格的有机结合，通过材料的特质在工艺技法中表达设计师的思想和情感是一以贯之的。在编结工艺中空谈创新意识毫无意义，面对不同纤维必须要有高度的敏锐感，观察纤维的结构、蓬松状态，对纤维的性能充分地了解，才能够巧妙地利用其不同特性进行设计。

台湾新生代设计师古又文选择羊毛条编织的服装，既具原创性，又有很大的创作自由度，夸张的造型产生的视觉冲击力极强。通常针织毛衫都用固定的线从头织到尾，但是由于古又文使用了羊毛条为原材料，所以能够把纱线 1 分为 2、2 分为 4 等，从粗到细自由变化，使整件衣服的质感非常出色，服装造型不落俗套，不仅突出了一衣多穿的理念，其羊毛纤维古朴、稚拙的肌理和编织手法也给人留下了深刻的印象（图 1-1-39、图 1-1-40）。

图 1-1-37　帕科·拉巴纳 2012 春夏巴黎时装周作品一　　　　图 1-1-38　帕科·拉巴纳 2012 春夏巴黎时装周作品二

伦敦新锐服装设计师埃莉诺·阿莫罗索 (Eleanor Amoroso)，热衷于研究难以掌握的日本绳编技艺和结艺。她的作品很自然地将传统编结技艺以一种非传统的方式诠释出来，经过巧妙的面料再造，在人体表面形成半立体的浮雕般的纹样。大量绳带通过编、钉、打结、悬挂的方式，在结构设计和廓型设计中突破服装的常规设计，改变人体的曲线，甚至塑造出一种三维立体的崭新外观（图 1-1-41、图 1-1-42）。编结而成的单位元素可以在衣身上做大量凹凸、扭转、堆叠处理，使服装局部向外扩张，比起平面的造型更有层次，突出空间感、体量感，视觉冲击力极强。

　　编结形成的面料弹性很强，结合抽缩、缝缩、翻转、在里面填充其他材料等造型处理，增添了编结服装的艺术感和观赏性。在具体的服装设计中，可以应用不同色彩、不同材质的材料，根据需要，结合不同的编结技法来塑造多种肌理效果：凹凸、网状、镂空、褶裥、层叠、仿皮草效果、色彩段染渐变效果等。从外观来看，有的华丽、亮泽，有的朴素、低调，有的轻薄、柔软，有的丰厚、饱满。把这些编结的手工艺与服装的风格相结合，融入服装的整体设计中，能够使服装的触觉和视觉的效果都不再平淡，充满了艺术的美感。目前，低碳环保、合理利用资源、拯救地球等问题在世界范围内已经引起高度重视。由于编结的材料中有很大一部分是直接从自然环境中取得的（如亚麻、棉、羊毛等），编结艺术同大自然有着天然的联系。从可持续发展的角度看，天然材料的编结服装面料和其他环保面料一样值得深入研究和持续关注。

图 1-1-39　台湾设计师古又文编织服装作品一　　图 1-1-40　台湾设计师古又文编织服装作品二

图 1-1-41　埃莉诺·阿莫罗索作品一　　　　　　　图 1-1-42　埃莉诺·阿莫罗索作品二

3. 手工印染

手工印染遍及世界各个民族和不同地区，其历史悠久、源远流长，是织物最古老的装饰手段，也是一门独特的工艺美术种类，具有家庭作坊式的制作特征，具有浓厚的生活气息和鲜明的民族特色。尽管目前高科技的印染工业和数码印花技术很大程度地改变了印染艺术的设计生产等工艺环节，然而手工印染艺术依然以其特有的视觉效果，既作为一种物质形态，同时又蕴含着丰富的精神内涵，在服装面料设计中占有不可替代的位置。

手工印染本身就是一个创造性的活动。手工印染中，染料、助剂、溶剂、面料等要素组合的不同、各环节程序的不同以及手法（如扎染、蜡染、夹染、型印、糊染、卷压染、泼染、手绘等）的不同，都会造就出不同的视觉效果。

将这种传统手工艺与现代服装完美结合，既要努力传承手工印染艺术中的传统技艺，也要处理好其与现代服装的款式、色彩、图案及技术之间的关系。需要培养能够综合运用各种技法并进行创新，独立设计制作手工印染面料并运用到现代服装设计中的能力。在设计的过程中，不但要传承优秀的传统，还要结合流行元素，充分融入时尚感和时代感，将一些具有时尚感的图形、色彩以及面料等更好地融合在手工印染中。在面料的选择上，除了传统手工印染中常用的棉、麻等天然纤维外，也可以选择一些不同特性及质感的面料，体会不同面料的印染效果；或者是一些多材质的组合，如各种面料的组合搭配，甚至是与非服用性材料之间的搭配。另外，通过传统手工印染制作的面料因需要经过熨烫多呈现二维平面状态，如果在印染后将制作时产生的一些痕迹保留下来，便可以在面料表面呈现起伏的效果，比如扎染工艺在进行捆绑缝扎等操作后，面料本身就会产生不同的凹凸效果，这些立体效果可以使平面的图案变得更丰富、更有层次（图1-1-43、图1-1-44）。

图 1-1-43　2015 春夏中国国际时装周作品一　　　　图 1-1-44　2015 春夏中国国际时装周作品二

第二节　综合材料

综合材料在内容上有很大的宽容度，几乎任何材料都可以被用来作为服装材料，任意一种材料又有无限种被开发利用的可能性。可以利用一种材料的不同形式，也可以利用不同材料的组合。因此，综合材料并非单纯指由多种材料组合的服装作品，而是对服装材料和制作工艺最大限度的延伸和包容，延伸了服装的概念，发现、改变、创造是综合材料运用的关键词。

综合材料的运用，极大地拓展了服装创意面料的表达空间。任何材料经过开发设计都可以成为一种形式的面料，综合材料在服装设计中的广泛应用，打破了"面料"的原有概念（图 1-2-1、图 1-2-2）。综合材料的运用是众多现代艺术所共有的特征，当然也包括服装艺术，虽然其确切的起源有待进一步研究，但 20 世纪以来，从立体主义、达达主义到波普艺术的一系列艺术思潮，对推动艺术家创作观念的改变和综合材料的运用都起到了极其重要的作用。综合材料的应用更加丰富和提升了服装艺术的魅力。

一、何为综合材料面料

材料语言在现代服装设计中变得极为丰富，材料的综合和跨界也是当代艺术的主要特征之一。所谓的综合材料就是在选择服装"面料"时不存在任何限制，有无数的材料可选择，对每一种材料而言又有无尽的效果可呈现。材料可以通过人的视觉、触觉体验触及人的精神与情感层面，材料的选择和综合应用是创意面料设计的重要部分，综合材料的开发设计也是服装设计师需要研究的课题。

图 1-2-1　候塞因・卡拉扬与施华洛世奇（Swarovski）合作打造的　图 1-2-2　候塞因・卡拉扬的桌面裙
泡泡裙

毕加索帮助西方艺术跨过了模仿现实的门槛，给艺术增添了新语言，把艺术领进了一个自由创作的天地。抽象艺术等诸多流派风格都在毕加索拓展的视觉形式美的沃土上进行着轰轰烈烈的演变。杜尚（Marcel Duchamp）则改变了传统艺术观念，他把现成品送入展厅，开创了让艺术服务于思想的新主张，对于艺术本身的文化内涵和观念做出了颠覆性的革命。生活中的现成品和对各种材质的试验，都可成为他信手拈来的作品，作品的存在方式也打破了传统的界限。后现代相当多的流派和艺术形式受到了杜尚的影响，并把他的艺术思想变成了一场声势浩大的运动。从 20 世纪以来的艺术运动来看，虽然其背后的主导艺术思想不尽相同，但是对材料的开发运用却被广泛用于艺术创作，材料在艺术作品中的主体性不断得到提高。

在服装设计中，创意面料可以创造崭新的艺术形式和样式。这种手段的运用，从本质上就是突破了传统艺术形式中材料处于从属地位的观念束缚。现代艺术的艺术语言、开拓性的创造思维和自由的试验性特征与现代、后现代美术思潮相同步、相融合，强调了艺术形式的多样性和多维性，强调了材料和技术的综合性、多重性，反映了隐藏在视觉形态中的时代特征。掌握更多的综合材料制作的方法和经验，也就掌握了面料设计的基本创新方法。设计师已经意识到综合材料工艺上的可塑性和随机性因素带给服装语言的无穷魅力，以及它在表达审美主体复杂、微妙的情感方面所具有的丰富潜能。

在综合材料面料开发设计的过程中，艺术家不是简单地将多种材料进行堆砌，而是利用材料的某一特性，改变其外部特征并赋予其新的形式和内涵，使其产生新的视觉效果，给人以美的享受。越来越多的新材料以新的形式和新的表现方法开始被广泛应用。材料的开发与综合运用在服装设计领域具有无限的发展空间。

二、综合材料面料的分类

随着设计观念的不断开拓，服装设计师选择面料的材料范围也在不断扩大。

综合材料面料在服装设计中开始从幕后走到台前，它本身独特的表现力被发现、被重视，并成为设计师的创意关注点。综合材料面料在一定程度上具有许多构成主义的逻辑成分，但更加突出材料因素，它超越一般构成的正是它具有强烈的材料表达感。另外，对于创造性思维的培养也是综合材料面料开发设计相关课程的主要目的之一，个人面对社会的变革和文化冲击引发的思考与综合性材料结合，打破学科界限，突出个人理解，挖掘创造性潜能。

一定的材料适于一定的造型，恰当的材料选择对于作品表现有着事半功倍的作用。设计师一般依据自身对材料的偏好及其性能的熟悉，以及要表现的艺术形式和要表达的艺术观念进行选材。服装面料也由传统的棉麻、毛呢、皮革等纤维材料拓展到树脂材料、纸质材料、金属材料、光电影像及任意的现成品材料等。因此，需要从实际出发加以选择、利用，发挥材料与特定造型相适应的材质特性和表现力，因材施艺，展现其艺术价值。材料的硬软度是界定材料的一种途径和方法，材料从硬软程度来分，有硬质材料、中等硬度材料和软质材料三种。

（一）硬质材料

硬质材料的特性是质地坚硬、不易塑型，不如其他硬度的材料方便剪切、翻折。以木材而言，由于其独有的特性，在设计中常规的工艺技术几乎无法使用，需要通过切割、钻孔、连缀等专业手法来处理。英国设计师斯蒂芬妮·尼文惠斯（Stefanie Nieuwenhuyse）曾将工厂废旧木头加以纯手工打造，制作成华丽的服装，使废旧木材复活，再现精彩夺目的一面。

金属材料是硬质材料的典型代表，也是应用较为广泛的。金属材料在服饰中的应用有着悠久的历史，其工艺手法精细复杂，成品效果富贵华丽，是古代上层社会热衷的奢侈品，主要以贵金属首饰，或极少数织金织物和刺绣的形式出现。时至今日，金属材料以其独特的光泽、优良的属性，以及不断研发出的新功能和新品种，成为时尚界不可或缺的流行元素。它的兴起和流行与社会文化的进步、经济水平的发展、科学技术的提升有着密不可分的关系。可以说，是社会的进步推动了人们解放自我、追求个性的进程，是科技的提升改变了金属材料的面貌，拉近了它与人们的距离。

回顾金属材料在服装中应用的历史，不难发现，在服装领域，金属材料因为其本身的特性，在相当长的一段时间内，只是被作为防护用具。在人们最初的意识中，金属是坚硬、锐利、冰冷且具有伤害性的材料。随着人类社会政治、经济和文化的不断发展，以及金属加工工艺的不断提升，金属材料开始不单单用于铠甲之上，也逐渐拓展至其他服饰领域，但多以贵金属材料为主。进入20世纪40年代以后，服装行业得到了空前的发展，各种风格的服饰层出不穷，千奇百怪的服饰造型和新奇独特的服装面料冲击着传统的审美观，迎合着现代人追求个性、释放自我的心理，也为金属材料更为广泛的应用于服饰奠定了基础。

20世纪60年代，在高科技和新观念的影响下，作为时尚界先锋的服装设计师开始寻找新的突破口，以超乎想象的创造力、明朗而简约的造型、大胆创新的面料，冲击着战后华丽造型的服装风格。这种未来主义的服装风格，震动了服装界，也将金属、乙烯基、塑料、纸等材料真正引入现代服饰设计。20世纪70年代兴起的朋克 (Punk) 风，以极端的方式和强烈的辨识性席卷时尚界。这种街头的、另类的时尚，以其破碎感和金属感影响着未来服装服饰的发展，也使得金属材料作为服装的装饰材料开始被广泛接受。

图 1-2-3　帕科·拉巴纳的金属片材质作品

随着科技的进步，金属材料的新种类不断出现，新的技术促使纤维家族的品种日渐扩大，新型的金属材料纺织品被研发和应用于服饰之中。服装设计师也挣脱了传统思想的束缚，在设计中进行各种金属材料应用的尝试，金属材料开始逐渐为人们所了解和接受，并引导着未来服饰的发展和流行趋势。纵观近年来的国际秀场，无论是诸如范思哲、香奈儿、巴黎世家 (Balenciaga) 等知名传统品牌，还是亚历山大·麦昆、弗兰基·莫雷诺 (Frankie Morello) 等新锐服饰品牌，都在其设计中注入了印金图案、金属丝织物、金属型材装饰、金属连缀面料等金属元素。这些极具光泽感和未来感的设计，引领着国际时尚的潮流，也推进着金属材料在服饰设计中的应用发展。20世纪七八十年代最具影响力的服装设计师之一帕科·拉巴纳就是一位时装界的改革者、重金属风格的领袖，擅长运用金属片、金属链等材料制作服装，通过材料本身的视觉肌理、工艺技法来表达艺术的某种观念和材料肌理的抽象美（图 1-2-3、图 1-2-4）。

金属材料在服饰中的应用从无到有，由小范围接受到广泛的流行，经历了漫长的过程。这个过程既是社会政治、经济、文化、科

图 1-2-4　帕科·拉巴纳的金属片材质作品

技发展的过程，又是人们对于金属材料认知转变的过程。正是这种认知的转变，使得现代服装因为金属材料的应用而更加多姿多彩（图1-2-5、图1-2-6）。

（二）中等硬度材料

中等硬度材料在处理方法上较为多样。以纸张为例，现在已有很多设计师选择纸作为材料用于服装制作，如瑞典设计师贝亚·森菲尔德（Bea Szenfeld）的"高级定纸（Haute Papier）"系列时装，用白纸裁剪出了最令人惊艳的效果。这些服装的廓型与质感，是一般布料无法实现的。在工艺方面，纸的表现手法也十分多样，不仅包括一般服装的制作工艺如裁剪、缝纫等，还包括编织、粘贴、切割等非常规制作工艺。不同类型的纸张通过不同的技法可以制作出截然不同的纹理和强烈的视觉效果。

"Haute Papier"系列的有趣之处在于，贝亚·森菲尔德没有使用任何形式的3D机械或切割辅助，并不是单单从颜色或印刷上做出花样，也不是在纸的本质上做出变化，而是用一张张白纸拼合成一件衣服。她把纸张一张又一张地叠起、卷起、折起，形成立体的时装和配饰，完全通过手工来完成。这样一种富有想象力的方式用于时尚的纸材，令人耳目一新（图1-2-7、图1-2-8）。

图1-2-5　帕科·拉巴纳1969金属包一　　　　　　图1-2-6　帕科·拉巴纳1969金属包二

图1-2-7　贝亚·森菲尔德作品一　　　图1-2-8　贝亚·森菲尔德作品二　　　图1-2-9　日本设计师二宫启
（Noir Kei Ninomiya）2016春夏作品

树脂也属于中等硬度材料的范畴，分为天然树脂和合成树脂两大类。

树脂通常受热后有软化或熔融现象，燃烧时有浓烟，并有特殊的气味。树脂软化时在外力作用下有流动倾向，常温下是固态、半固态，有时也可以是液态的。较为柔软的树脂材料如水晶板可以像面料一样裁切，并且可用特殊方式缝合（图 1-2-9）。硬度稍高的树脂材料如亚克力板材，可以采用激光切割的方式做出一些基本形状，再通过特殊的连接方式组合成理想的形态。

（三）软质材料

纤维材料是软质材料的代表，柔软且具备包容性，它可以裁剪、撕裂、粘贴、压皱、挤压、打结、悬挂，可以平铺，可以包裹，还可以彩绘、烧灼、印染。线纤维可以垂挂或扭结，形成厚重、沉甸的感觉，并有一定的流动趋势。线还可以通过缝制、绣织、缠绕、编织等技法来表现。纤维材料是服装中最常用的材料，如何开发出常用材料的不常见形式是值得设计师思考的问题。图 1-2-10 为装置艺术家林天苗的作品，由大小不同的毛线球构成服装的主体，赋予了服装特殊的结构和视觉表现力。图 1-2-11 为用彩色蜡线盘成的圆形片经缝合而成的面料和彩色蜡线做成的流苏构成的服装，为学生的面料创作课堂作业。

草本材料偶尔也会为设计师所选择。草本植物有片状和管状：片状纤维短，易折易断；管状纤维长，有韧性，可以抻拉。藤是一种柔软的木本或草本的攀缘植物，也是一种密实坚固又轻巧坚韧的天然材料，具有不怕挤、不怕压、

图 1-2-10　林天苗 2005 年作品　　　　　　　　　　　　　图 1-2-11　学生作业　作者：王颖

柔韧有弹性的特性。图 1-2-12 为以包粽子用的粽叶为主要材料制作的一系列服装，这种植物叶子只有在湿润的状态下才有韧性，可以编织或折叠成各种形态，干燥后就会变脆，易折断，因此需要用浸泡过的叶子来完成服装制作。也有设计师把天然的植物纤维用于作品的局部装饰，营造出奇特的视觉效果，如二宫启 2020 春夏系列作品就是以绿植为头饰的一抹绿色古怪精灵（图 1-2-13、图 1-2-14）。

总之，综合材料在创意服装应用中具有一定的可行性和必要性。综合材料面料在服装上的运用能使服装设计更加多元化。现在以综合材料应用为代表的创意服装已经逐渐发展起来，越来越多的关注和对创新的渴望使人们对创意服装更加了解。同时，综合材料创意服装设计对现代设计师、服装院校的在校生来说，都是一种思维的锻炼，可使他们的设计能力得到提升，并激发出更大的潜力。

图 1-2-12　学生作品　作者：王丹

图 1-2-13　二宫启 2020 春夏系列作品一

图 1-2-14　二宫启 2020 春夏系列作品二

第三节 新型材料

服装面料的创意设计作为一种全新的表现形式，结合现代科学技术，能为设计师开拓更广阔的设计思路，如温控材料、发光材料、生态环保材料等新型材料。随着创新精神的不断提升和科学技术的不断发展，材料创新会越来越依赖于新的科技手段和技术。服装艺术正在用其独特的视觉语言诠释着设计的文化内涵和创新精神。

一、人工智能面料

服装中加入智能材料，可以对环境或者人体的变化做出反应。热、光、压力、磁力、电或心率的变化都可以引起形状、颜色、声音或大小的变化。这一特征可以在制作织物时实现，在纺纱织布的过程中，纤维和纱线可以形成电路和通信网络以传输信息，涂层、印花和刺绣图案也都能用来传导信息。服装的智能可以通过开关或者图像、光、声音的变化来实现（图1-3-1、图1-3-2）。图1-3-3为候塞因·卡拉扬作品，此系列安装了制动控制装置，短裙可以自动延伸。

图1-3-1 亚历山大·麦昆为纪梵希（Givenchy）做的设计,1999秋

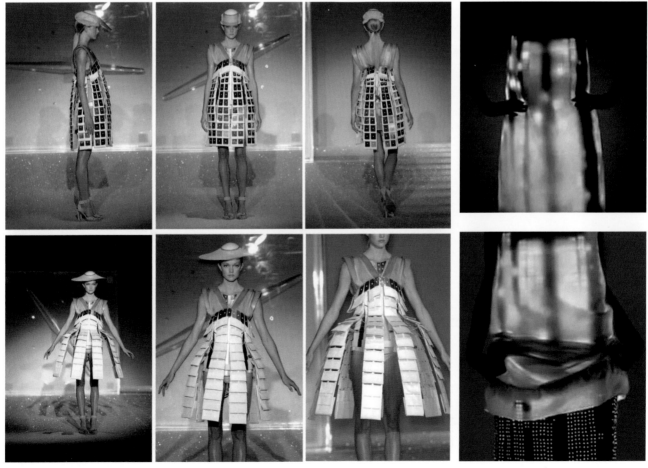

图1-3-3 候塞因·卡拉扬作品

图1-3-2 候塞因·卡拉扬的led影像裙子

二、3D 打印面料

（一）何为 3D 打印

2012 年 4 月，英国著名杂志《经济学人》发表了系列专题报告《第三次工业革命：创造业与创新》，文中指出："3D 打印技术是引领未来制造业趋势的众多突破之一，将成为第三次工业革命到来的标志。"该报告成为 3D 打印技术划入全球焦点的标志性事件。2013 年以来，国内媒体界、学术界、金融界迅速掀起了关注 3D 打印技术的热潮。3D 打印技术并不是一种突然出现的突破性技术，早在 20 世纪 80 年代就已经出现，但由于相关数字建模技术及材料科技发展不足、成本难控等原因，这一技术长期处于"蛰伏"状态。进入 21 世纪以后，相关技术的发展以及商业模式的转变如同春雨滋润了这颗沉睡已久的种子，使之破土而出。这种充满未来感的技术通过电脑软件模型直接制成现实物品，让虚拟的设计变得"触手可及"。

3D 打印是一种先进制造技术，它为材料和结构提供了一种新的制造方法，是对传统制造技术体系的重要补充，尤其是它的短流程、适合复杂结构等特点，给材料和结构设计者提供了丰富的想象空间，使传统制造技术难于实现的结构变得易于实现。根据 3D 打印所用材料的状态及成型方法，3D 打印技术可以分为熔融沉积成型 (fused deposition modeling，FDM)、光固化立体成型 (stereo lithography apparatus，SLA)、分层实体制造 (laminated object manufacturing，LOM)、电子束熔融 (electron beam melting，EBM)、激光选区熔融 (selective laser melting，SLM)、激光直接熔融沉积 (laser direct melting deposition，LD-MD) 和电子束熔丝自由成型 (electron beam freeform fabrication，EBFF)。

打印工艺和打印材料之间存在密不可分的关系，特定的打印工艺只能适合打印特定的打印材料，而特定的打印材料则需要利用特定的打印工艺才能成功实现 3D 成型。以塑料为代表的高分子聚合物具有在相对较低温度下的热塑性、良好的热流动性与快速冷却黏结性，或在一定条件 (如光) 的引发下快速固化的能力，因此，在 3D 打印领域得到快速的应用和发展。同时，高分子材料的黏结特性允许其能够与较难以成型的陶瓷、玻璃、纤维、无机粉末和金属粉末等形成全新的复合材料，从而大大地扩展了 3D 打印的应用范围。

近年，几乎每个行业都能找到 3D 打印的影子，服装也不例外，自从 2010 年荷兰设计师伊里斯·凡·赫本 (Iris Van Herpen) 在阿姆斯特丹时装周上首度发表 3D 打印服装之后，3D 打印的服装就开始不断涌现。

（二）3D 打印服装面料

3D 打印服装实际就是结合服装计算机辅助设计 (computer aided design，CAD) 技术、虚拟现实 (virtual reality，VR) 和快速凝固激光材料等 3D 打印特性，进行的服装设计创新。在这个设计创新过程中，设计师既要尊重传统理念，也要有颠覆性的构思和立体造型意识，同时要具备多方面的知识和驾驭最新生产技术的能力。

在 2014 年 3 月的纽约时装周上，一款 3D 打印的印花连衣裙艳压群芳。来自纽约的多学科设计师弗朗西斯·比托蒂（Francis Bitonti），利用 MakerBot 的 3D 打印机和柔性长丝，设计出了多款礼服和 3D 印花连衣裙。神话般的精细礼服非常惊艳，这也是使用 MakerBot 做出具有聚酯材料舒适度服装的首创（图 1-3-4）。

以色列设计师诺亚·拉维夫（Noa Raviv）与世界上规模最大的 3D 打印机生产商之一的 Stratasys 合作，创作了一系列名为 "Hard Copy" 的时装作品。设计师巧妙地运用电脑建模软件创作出一系列数码图像，在软件命令下生成的这些图像，在不输入参数、组件以及代码等复杂配置的情况下，很难用实际技术表现出来。这种 2D 与 3D、现实与虚拟之间的矛盾冲突，激发了拉维夫创造这套作品，这些时装的百褶风格仿佛是伊丽莎白时代的遗韵。黑色与白色聚合物线条纵横交错产生的垂直网纹，交织成一种具有褶皱与波浪感的丝绸纱网面料，形成了一种类似于传统束胸的服装形态，服装线条充满了雕塑感。在拉维夫设计的服装上，很难把布料上的图案与立体的 3D 形状区分开，模特本身的身体特征完全被具有强大立体空间张力的服装掩盖，模特几乎成了背景，而服装仿佛有了自己的生命，张扬地展现着自己的曲线与图案（图 1-3-5 ~ 图 1-3-8）。

图1-3-4 弗朗西斯·比托蒂作品

图1-3-5 以色列设计师诺亚·拉维夫作品一

图1-3-6 以色列设计师诺亚·拉维夫作品二

图1-3-7 以色列设计师诺亚·拉维夫作品三

图1-3-8 以色列设计师诺亚·拉维夫作品四

图1-3-9 胡乘祥作品

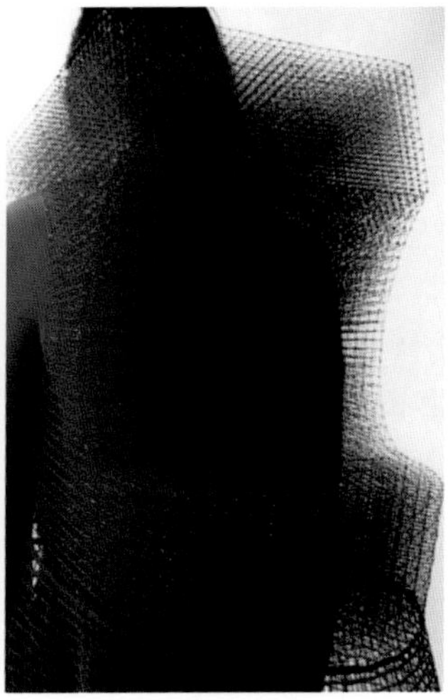

图1-3-10 胡乘祥作品局部

英国圣马丁学院的毕业生胡乘祥（Jim Chen-Hsiang Hu）（台湾设计师）做了一系列用3D打印和传统制衣方式结合的服装作品，将3D打印的速度、效率和特殊材质与崇尚"时间出精品"的传统手工艺结合起来（图1-3-9、图1-3-10）。

三、4D打印面料

（一）何为4D打印

随着科技的不断进步，3D打印其实已经不算新技术，未来会趋于普及和日常化。更先进的4D打印已经被研发出来。4D打印是指利用"可编程物质"和3D打印技术，制造出在预定的刺激下（如放入水中，或者加热、加压、通电、光照等）可自我变换物理属性（包括形态、密度、颜色、弹性、导电性、光学特性、电磁特性等）的三维物体，其中"可编程物质"是指能够以编程方式改变形态、密度、颜色、导电性、光学特性、电磁特性等属性的物质。4D打印的第四维是指物体在制造出来以后，其形状或性能可以自我变换。

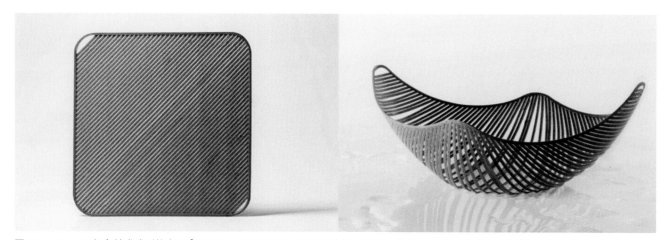

图1-3-11　4D打印技术成型的容器 [设计者：克里斯托夫·古伯兰（Christophe Guberan），埃里克·德梅因（Erik Demaine）]

4D打印技术领域的进步将更多地依赖于材料本身，而非打印技术。与3D打印技术不同，4D打印技术使用的打印材料并不是传统意义上的粉末状金属或者塑料，它使用的是一种变形材料。人们只需要通过电脑将所需要的物体的模型和时间设定完成，不需要借助打印机，变形材料会在用户设定的时间内自动变形，成为用户刚刚设定完成的形状。例如，在3D打印的基础上加入一种吸水材料，让它跟水进行反应。比如说这个装水果的碗，它可以是平板包装的，非常省地方，然后送到你家的时候，把它放到水里再捞出来，就可以自然成型了（图1-3-11）。

除了设备本身的制约之外，4D打印服装所面临的首要问题是对智慧型打印材料的需求，因为相较于3D打印而言，4D打印对所需材料的要求更高。4D打印所需要的并非一般的普通材料，而是带有记忆功能的智能材料，是一种能感知外部刺激，并能够通过判断而进行自我变形、组装的新型功能材料。该材料不仅具备3D打印材料的可打印性，还要具有传感功能、反馈功能、信息识别与积累功能、响应功能、自我变形能力、自我组装能力、自我诊断能力、自我修复能力和超强适应能力，以及快速响应指令的变形、组装能力。

4D打印材料不仅需要具备"时间"的认知，还需要具备感应介质催化而触发自我组装的特定性能，随着新产业科技的进步和4D打印技术的发展，根据不同的打印材料，将借助光、声、热、水、气、温度、振动或电子触发等任意催化介质，实现对多种类材质适用的自我变形的介质触发效果。因此，对4D打印材料的开发和应用，将成为未来设计师所关注的重要方向。

（二）4D打印服装面料

4D打印所追求的是让材料以编程模拟的方式，随着预定时间的迁移，自我进行并完成自动形变的新一代工艺技术。展望未来，4D打印是以智能化、自能化为基础，以个性化、时间流程为特征，实现直接制造、现场制造和批量定制的新型制造方式，其未来巨大潜力的生长点表现在与生物工程的结合、与智能艺术的结合、与消费者个性的直接结合。

4D打印技术也被设计师用在了服装面料上。舒适度欠佳、难以修改是3D打印技术制作服装的硬伤。现在，这些问题都随着4D打印技术的出现迎刃而解。美国神经系统设计工作室 *（Nervous System Studio）设计了一条非常惊艳的连衣裙，已被纽约现代艺术博物馆收藏（图1-3-12）。这条裙子由杰西卡·罗森克兰茨（Jessica Rosenkrantz) 和杰西·路易斯－罗森堡 (Jesse Louis-Rosenberg) 设计，采用神经系统设计工作室的4D打印系统 Kinematics，打印出单一部件后，通过运动力学制作出复杂、可折叠的形状，而且完全可以穿上身。成千上万的"布片"通过铰链相连，流畅折叠，贴合人体。

---

* 神经系统设计工作室是一个生成设计工作室，研究方向为科学、艺术和技术的交叉应用。从自然现象中汲取灵感，通过计算机模拟来生成设计，并使用数字制造来实现产品。

图 1-3-12　4D 打印设计自动转换为可穿戴服装
（美国神经系统设计工作室作品）

图 1-3-13　4D 打印项链（美国神经系统设计商店首饰产品图）

　　这件连衣裙的特点在于，它可以自动适应环境，即便在运动中，也会时刻贴合穿着者的身体。从理论上来讲，成熟的 4D 打印连衣裙也许可以成为一个人的终身服装，因为这件衣服会跟随一个人的长大而自动变化，根据周围环境的冷热而防寒防暑。

　　该裙子解决了不合身的问题，并且会根据穿着者的体型情况进行自我改变，更神奇的是还可以自动变化造型。而制作该裙子的纤维材料由 2279 个三角形和 3316 个连接点相扣而成，三角形与连接点之间的拉力可随人体形态变化，即使人体变胖或变瘦，4D 裙也不会不合身。同时，研发人员还用 4D 打印技术打印出一系列与这条裙子搭配的珠宝首饰，这些首饰也可以根据人体结构而自动变形（图 1-3-13）。

　　有了 4D 打印技术，3D 打印物体的形状能够自动转变成另一个形状，能够使设计者不需要手工劳动就能转换成它最终的设计形式。以往通过 3D 打印技术打印各部分零件，然后手动地把这些部件组装在一起，制成一个大件的物体。4D 打印的物体能够自动组装或转变成预设的形状。这一处理过程被称为"运动学"，也被称为"运动的几何"，它描述的是物体的运动而不是运动的原因。

　　罗森克兰茨说："我们认为'运动学'最大的好处是它可以把任何的三维物体转换为一个灵活的结构，然后用来 3D 打印，通过计算机折叠程序可以把结构进一步压缩。"

　　制作 4D 打印服装，一个 3D 人体形态扫描仪是必不可少的，它是数字化服饰模型的基础。通过选择三角形的铰链网状结构，最终成品的硬度和状态可以在这一阶段进行控制，而这些材料下垂的模式会通过屏幕模拟出来。通过计算机模拟软件，这一个数字化模型可以被折叠成一个更小的形状，然后打印出来的是压缩的形态。当人们把裙子从打印机上拿下来后，它就会自动恢复预设的形状。罗森克兰茨说道："压缩设计不仅使得产品设计变得更容易，也能使运输更方便。保证了灵活性衣服的创意得以实现，也可以使今天的小规模打印机进行大件结构物体的生产。"Kinematics（4D 打印系统）能生成由 10~1000 个不同的零件组合成的设计，它们能连接构建成动态或机械的结构。比如打印一条裙子时，先是利用 3D 扫描仪扫描顾客，接着做出裙子的草图，然后在裙子上镶嵌花纹；之后就是生成 Kinematics 结构，模拟裙子的悬垂感；最后将裙子压缩，通过计算折叠，可以一次打印完一件，而不是分成不同的部分先打印，再组合成一件产品。

　　这些产品的价格根据不同的定制选择会不一样，只要顾客喜欢并定制了某一个设计，就可以下订单，然后神经系统设计工作室就会把它生产出来。罗森克兰茨和路易斯 - 罗森堡把这套理论进一步发展了，加入了把设计折叠成它能够达到的最小的空间结构。4D 打印的优点：一方面是能将形状挤压成它们最小的布局并 3D 打印出来，这样打印出来的产品将没有冗余的部分；另一方面是其打印的物体可以根据不同的需求进行自我变化，这些是 3D 打印无法比拟的。

　　美国弗吉尼亚理工大学的威廉姆研究小组又向前迈进一步，他们将 4D 打印同纳米材料结合在一起。在打印出的物体中嵌入纳米材料，就可以制造出能在电磁波（可见光和紫外光）的作用下改变属性的多功能纳米复合材料。例如，利用会在不同光照条件下改变颜色的嵌入式纳米材料，在这类新材料的基础上，该研究小组开发出植入传感器的全新 T 恤衫、胸罩和衬衫，用于测量血压、胰岛素水平和其他健康医学指标的极限数值。4D 打印除了可制造一些智能服装和可穿戴式保健用品等可编程物体外，还可以用于制造新型作战服。美国海军部投入了近千万美元，资助一项使用 4D 打印制造动态伪装军服的研究。

哈佛大学工程应用科学院和威斯生物工程研究所的科学家们一直在努力进行微型 4D 打印技术的研发。该研究团队开发出由两种特殊纤维复合的水凝胶物，将其浸泡于水中后，便会自动变形生成可预见的形状。该研究团队的负责人珍妮佛·A. 刘易斯（Jennifer A. Lewis）表示："这项工作证明了通过多学科方法使可编程材料组装变为可能。目前，我们的 4D 打印材料研究已经超过结合形式和功能的阶段，进入了构建可变形结构阶段。"举个例子，设想你将一小块面料扔进水里，你看到的并非是一小块湿面料沉入水底，而是，自动变形成一条造型完美的短裤沉入水底。

随着 3D 打印从概念转入生活化，4D 打印的发展步伐也在日益加快。4D 打印作为传统服装制造业的变革方向和新技术创业者的契机，其优势也是显而易见的。在 4D 打印技术支持下的服饰产品制造，部件与产品本身结构的难易程度将变得不再重要，因为通过对整体产品不同饰件进行的一体化打印将让组装成本化整为零，并且可以帮助我们承担相当部分的"高难度"工艺制作，最大限度地降低服饰产品生产制造的人工成本。同时，对于很多服装设计师而言，最难的就是好的创意难以实现，而 4D 打印技术可以帮助设计师实现描绘出来的创意构想。未来决定服装成品是否合格的关键要素不再是制造环节，而是设计环节，由服装设计师决定。从可持续发展的角度讲，传统的服装生产过程往往是浪费材料和污染环境的，而 4D 打印制作服装只借助光、声、热、水、气、温等触发介质，不需要各种复杂繁重的机械与设备，可以减少浪费和碳排放。又如 4D 打印只使用构成产品必需的材料，极大地提高了原材料的利用率，大大减少了材料浪费。4D 打印还可以实现材料的无限组合，对于当今的制造技术来说，将不同原材料结合成单一产品是件比较困难的事情，因为传统的服装制造机器在纺织或成型过程中不能轻易地将多种原材料融合在一起。4D 打印技术的出现将让这一现象得到改变，在 4D 打印过程中，我们可以将多种不同材料通过同一台设备进行混合打印，不论是聚合物类、生物质类或是其他的合成纤维，这也意味着在不久的将来，一件完整的多功能可变形服装将直接通过 4D 打印的方式生产制造出来。

4D 技术允许打印服装及其饰件应用无限复杂的几何智能材料。开始要有明确的目标因素，如力度、重量、耐久性和计算机生成上百件设计可能，根据目标导向为不同的目标推荐最好的设计。结合 4D 的时间维度可以打印的无限形状和材料以及强大的计算机设计，很有可能在将来，最好的服装设计师不是想出最好创意的人，而是懂得将计算机无限目标导向 4D 时间维度的人。新兴的 4D 打印技术正在被用来创造与创建一种新的现代服装艺术形式。

4D 打印在时装领域的应用将改变当前服装产业的格局，比如未来的时装店将不再展示时装，也不再需要库存，而是一台人体 3D 扫描仪加一台专业设计模板的计算机再加一面虚拟现实的镜子。用户可以根据自己的风格与偏好从计算机中选择相应的模板，而这一模板可以是任意的风格，系统将自动设计并生成相应款式的时装。借助人体 3D 扫描仪，扫描人体尺寸，并由系统自动生成精准的模型，之后与所设计的时装进行合并，消费者就能看到一种接近真实的展示。借助虚拟现实的镜子，消费者可以对其进行任意角度的旋转展示，并根据自己的意见对其进行调整与修改，最终生成消费者心目中的那件衣服。之后可以借助云服务传输到打印地点进行时装打印，也可以在配置了打印设备的门店直接进行时装打印。4D 打印或许可以把服装设计带入真正的私人定制时代。

如果说 3D 打印改变的是制造业，那么 4D 打印改变的将是整个商业生态。未来，当我们拥有一台 4D 打印机，在家里或特定的地方打印几层材料，再通过特定介质触发，过一会儿，一件豪华的婚礼服或一件完美的针织毛衣就自动组装好并呈现在眼前，我们不再需要亲自动手组装。因此，4D 打印带来的不仅是材料的革命，更是商业生态的革命。

第二章

创意面料的特征

第一节 创意面料的艺术性

对于服装材料的开发和创新，把当代艺术中的表现形式，融于服装材料再创造中去，可以为服装艺术的发展提供更广阔的空间。当代艺术的试验性、观念性、主题性特征同样被艺术家和设计师应用到了服装设计领域。

一、试验性

试验性是指打破了材料和技能及其有可能形成的风格样式对艺术的束缚，建立起了更为自由广阔的艺术表达空间。试验艺术也可以说是一门突破了材料和手法约束的自由艺术。围绕着服装的创作，不喜欢循规蹈矩的艺术家与设计师们皆曾在人类的行为方式与服装，抑或是服装与自然的关系中提炼并表达出令人眼前一亮的独到创意。

以色列艺术家西加里特·兰道（Sigalit Landau）于2014年在死海完成了一项当时前所未有的艺术项目。在2014年发起的名为"Salt Bride"的主题创作中，她将一身黑礼服固定后浸泡在死海里，并且每三个月拍摄记录一次，以观察服装在死海中的变化过程。两年后，她将这件黑礼服从死海中捞上来，而此时这件衣服已经完全成为一件布满盐晶的白色礼服（图2-1-1）。

图2-1-1 西加里特·兰道作品

中国著名设计师马可也曾经在以"无用之土地"为名的经典系列中将衣服埋进土里，过一段时间后取出，让自然与时间一起完成最后的表达效果，以此来表现土地与人的主题，"我感觉像是一个失忆的人慢慢恢复起对过去的记忆，慢慢理解了什么是土地，以及土地跟人类的关系"，马可在解释《土地》创作灵感时如此说道。除了用土埋藏衣服，马可还尝试过把衣服长期放在河流里冲洗或在太阳下暴晒，还原了衣服的朴素魅力。她认为，"人与其他万物同样源于自然，无论贫困潦倒还是荣华富贵，最终也将复归于泥土"。贾樟柯在得知马可的故事后，专门以《无用》为题创作了一部纪录片。

三宅一生在 2011 年秋冬系列中，利用五块白色纸张质感的硬挺材质做设计。一身黑衣的助理们在几秒钟之内，通过折叠、装订纸胶带、折纸等手法，裁剪出充满立体感的风衣、连身裙、短裙等五件不同款式的服装，就像是设计师手稿上的折纸造型概念图（图 2-1-2、图 2-1-3）。这是一个将概念变成设计的过程。折纸的挺括感及线条的硬朗感也让服装有了全新的造型结构。这让国内外设计师为其魅力所倾倒，不断地探寻普通纸张背后巨大的创造力。

俄罗斯设计师丽莎·沙赫诺（Lisa Shahno）受到数学思维与几何学的深刻影响，从几何中提解结构，把线性几何图案转化为雕塑化的服装，几何线性概括元素贯穿始终（图 2-1-4）。丽莎·沙赫诺创作的"THE ITERATION"系列灵感来源于比较玄奥的"分形宇宙理论"，它将宇宙的结构保持为分形本质，宇宙本身在任何方向都是无限的。分形是一种几何形状，可以分为几个部分，每个部分至少大致为整体的缩小尺寸外观或相似的形状。设计师用高科技材料和对于几何图案的划分，最终落实到成型的工艺，就像是"折纸玩具"。

图 2-1-5、图 2-1-6 中 亚历山大·麦昆 1999 春夏"No. 13"系列之喷墨连衣裙，可谓当年秀场上的经典之作。两台喷墨机器的排演足足花了一个星期。裙子的图案来自于德国装置艺术家丽贝卡·霍恩（Rebecca Horn）的一台机器，该机器为两台猎枪，交替向裙子上喷射彩色墨水。

亚历山大·麦昆还有很多前卫的试验性服装作品值得关注，如 1999 秋冬"Coiled"紧身胸衣、2000 秋冬"Eshu"系列用皮毛做成的大衣等（图 2-1-7、图 2-1-8）。

图 2-1-2 三宅一生 2011 年秋冬系列作品一　图 2-1-3 三宅一生 2011 年秋冬系列作品二　图 2-1-4 俄罗斯设计师丽莎·沙赫诺作品

图 2-1-5　亚历山大·麦昆 1999 春夏作品一

图 2-1-7　亚历山大·麦昆 1999 秋冬"Coiled"
紧身胸衣

图 2-1-6　亚历山大·麦昆 1999 春夏作品二

图 2-1-8　亚历山大·麦昆 2000 秋冬 "Eshu"
系列，用毛发做成的大衣

二、　观念性

观念性是指设计中的艺术观念或概念。艺术的观念性可以看作是极端现代主义和后现代主义的一个契合点。反艺术和非艺术的极端观念性倾向则是极端现代主义的显著特点，它也因此而得名。在后现代艺术中，观念性通过破坏和改变旧的意识观念建立起新的艺术价值观念。观念艺术正在尽可能地利用信息时代的传播技术，最大限度地把迫切需要解决的社会问题呈现给观众，并让观众身临其境地参与其中，实现了以往架上艺术都很难达到的社会功能。观念艺术的创造不能被简单地看作是某一概念的哲学推演，而应该被看作是依靠艺术家用自己的直觉对当下社会生存状况的一种感悟、一种思考。

建筑师塔拉·凯恩·道加斯（Tara Keens Douglas）认为"服饰是'短暂的建筑'，他们暂时扭曲了身体的真实性"。道加斯创造了前卫无色的折纸服装，她提出了对女性身体和建筑结构的新观点，使用各种材料，利用服装的装饰放大怪诞，运用抽象的形式来诠释形象（图2-1-9、图2-1-10）。折纸虽然与服装有很多共通之处，但如果将折纸单纯搁置到服装上，难免会有生搬硬套之感，对其形态的选取也会有所局限，如果不能选择合适形态的折纸，不但不会增加服装的美感，反而会破坏整体美。因此，折纸造型在实践时要注意选择的造型与服装的融合。造型的选择是一方面，另一方面是如何将折纸的结构与服装的结构结合并穿插起来。折纸造型可以整体加于服装上，也可以通过结构的设计模仿出折纸造型，将造型"穿"在身上。

克罗地亚时装面料设计师马蒂贾·科普（Matija Cop）从跨学科的角度来看待时尚，通过社会学、心理学、政治学、科学，当然还有艺术，接近对象（主体）将各种学科的语言翻译成时尚语言，他认为："时尚的未来是人的未来。"马蒂贾·科普的服装作品灵感来自建筑和凿石材料，将特殊材料用激光切割成小块，然后使用"插羽"技术组装在一起，富于创意，视觉冲击力极强。作品在形式上很有如雕塑般的体量感和空间感（图2-1-11、图2-1-12）。

图 2-1-9　塔拉·凯恩·道加斯作品一

图 2-1-11　马蒂贾·科普设计作品一

图 2-1-10　塔拉·凯恩·道加斯作品二

图 2-1-12　马蒂贾·科普设计作品二

谈到面料设计，很多人都大谈技术，但马蒂贾·科普几乎只字不提技术。在他眼里，"为什么这么做"比"怎么做"重要得多，他觉得时装不只是时装，一种服装本身就像是一个建筑对象，外观和结构是时装设计构思的主要体现途径。如何通过外观、结构、肌理来体现时装的社会属性和空间关系，是时装领域最难的问题之一。马蒂贾说："空间是服装和建筑共有的语言，所以我经常借鉴建筑的设计方式，这就是我的项目为什么总是让人先想看到'架构'的原因。"架构是他的面料呈现的驱动力。

操作中，马蒂贾把对看不见的空间的痴迷用看得见的空间表达出来，应用到具体的服装和面料设计上。通过小小的衣着空间（衣服、着衣的人、着衣的人与外部空间）表达"建筑关系"。对空间的遐想和探索使得马蒂贾的衣服充满空气感，没有一块面料是"死"的。他的"结构情结"体现在服装的每个局部，这时候，材料最好能精确到立方厘米，让这种传达更加细腻自如。但柔软的纤维制品虽然足够细腻自如，却在廓型塑造上不尽如人意，不能满足马蒂贾对空间探索的欲望。所以他用了一种硬编织、软雕塑的特殊方法来造型。马蒂贾认为，设计师要根据自己最深层次的需求一步一步地推理出所需要的面料，并用尽方法创造出这种材料，使创意和艺术观念精准地落实。

面料设计师劳伦·鲍克 (Lauren Bowker) 在面料创新上走得更远，甚至称他的材料为"面料"都不知道是否合适。劳伦·鲍克研发了可变色铬金属墨水。这种墨水可以根据七种环境气候指数的变化改变颜色，并吸收空气中的污染物。在每一种具体情况下，墨水的表现都不同。"如果你告诉我一个具体愿望，比如你希望你的丝绸上衣在牛津街和贝克街时呈现出不同颜色，我就可以走到你指定的地点采集环境参数，为你制造一款专属墨水。"劳伦·鲍克说。由于可变色铬金属墨水可以用在印刷、喷涂上，也可以用在纤维染色上，很快，许多领域各异的公司都找上门来寻求合作，他们显然看到了这款材料重大而广泛的商机。但劳伦对她的墨水却有另外一幅愿景，她希望将来它能用在医疗产业上，例如制造一款 T 恤给哮喘病人，每当哮喘发作时，T 恤就会变色，这比制作一系列出色的时装更有价值。

劳伦·鲍克带领着一个由裁剪师、解剖学家、工程师、化学家组成的团队，致力于研发可应用在穿戴上的高科技新型材料，追求着和哈利·波特一样的理想——用知识创造魔法。劳伦的未见工作室 (The Unseen)2014 年在伦敦时装周上发布了一组用新型面料做的衣服，这组面料能随着来自外界环境的不同刺激，比如风吹、雨淋、摩擦、阳光照射甚至声音的刺激而发生色彩上的奇妙变化（图 2-1-13、图 2-1-14）。这个主题时装系列叫作"空气"。

图 2-1-13　劳伦·鲍克的面料作品一　　　　　　　　图 2-1-14　劳伦·鲍克的面料作品二

"空气"系列作品是为了揭示人类周围环境中不可见的因素。这种纳米化合物油墨染料能够感测环境中的热量、紫外线、污染、湿度、化学品、摩擦和声音等七种不同的刺激，每种刺激都会在材料表面上产生不同的颜色变化效果（图 2-1-15）。例如，热量带来的颜色变化是不可逆转的，而污染只能从黄色变为黑色。每种墨水的成色方式都大相径庭，具体颜色取决于添加在墨水中的材料。这种墨水可以应用于大部分物件的表面，可以通过油漆、喷涂、印染、浸泡等方式与物件结合。

　　劳伦·鲍克团队创作的高科技头套（图 2-1-16），能反映人类情绪的变化，其核心材质本身与人类的骨骼十分相似，与人体贴合严密。该头套由 4000 颗施华洛世奇黑水晶石和可变色材料制成，这些材料在吸收了头部的热量损失后会发生颜色变化，从而反映出穿戴者的大脑思想活动。头套通过"黑＞橙＞红＞绿＞蓝＞紫"的色彩递进变化反映穿戴者头部的热量损失，当情绪剧烈变化时，头套的色彩变化就会变幻莫测。这种设计很显然已经属于生物学、化学与艺术设计的交叉学科，比交互设计多了服装领域的特征，又从服装材料领域延伸到可穿戴设备领域。

　　这款头饰之所以能根据思维变色，是因为外界环境释放的信息素发生变化时，人的神经元就会被激发并发生改变。根据人对信息素的释放情况，头饰上的水晶便能够通过化学物质的混合发生颜色的改变。由于这种信息素释放的变化，头饰以及一系列该类型服饰也会发生相应的变化。

　　面料设计师们在试验中将面料与各门类学科之间的诸多隔阂打通，创造了一种新型的多维空间。当前面料设计不断创新，这种现象的优势在于背景的多样化带来的新的可能性。每一个交叉学科的风暴中心都面临着开放平台带来的好与坏，对于面料设计而言，能否在开放之后迎来一个新的学科凝结，只能交给时代和时间了。正如约翰斯顿所说："没有面料，就没有时尚。"面料设计是时候为大众所关注了。

图 2-1-15　劳伦·鲍克的面料作品三　　　　　　　　　　　　　　　　　　图 2-1-16　劳伦·鲍克的头饰作品

三、 主题性

时装的设计、制作和工艺都是围绕着一个主题来进行的，可以说，主题就是灵魂。在综合材料服装设计中，材料是为了服务主题而存在的，有了主题才能选择合适的材料，之后才可以着手材料的处理。因此，对主题的了解和把握是非常重要的。

丹麦鬼才设计师安妮·索菲·马德森（Anne Sofie Madsen）呈现了其重视细节和精美的手工制作的服装作品。曾经在巴黎跟随约翰·加里亚诺工作的安妮以错综复杂的手工细节令观众惊艳，激烈的鼓乐突显部落元素，皮革、金属等元素及迷人的插图组合，成就了后现代部落风潮。安妮想表达和展示的是未被广泛熟知的传统手工艺方法及高级定制技术，并将其使用到成衣设计中。被称为 Mononoke 的系列受到宫崎骏的动画电影《幽灵公主》的启发，幽灵是精神或怪物的总称，在日本，Mononoke 也用来表示来自欧洲的经典芭蕾戏服，以及室町时代典型的服装廓型。这个系列作品可以说是机械芭蕾舞演员和曼妙武士的融合（图 2-1-17）。安妮形容其作品介于"被遗忘的过去与无法想象的未来"之间，并把大家带入一个混乱而奇特的世界。她的时装秀融合了阴柔与阳刚，既有非常女性化的礼服与短裙，也有中性风格的设计，没有固定的结构——重叠或并列，采用皮革与羊绒，并运用编织技术（图 2-1-18）。

亚历山大·麦昆是时尚圈不折不扣的鬼才之一，他的设计总是以妖异出位，充满天马行空的创意，极具戏剧性。他的作品常以狂野的方式表达情感力量、天然能量、浪漫但又决绝的现代感，具有很高的辨识度。他总能将两极的元素融入一件作品之中，比如柔弱与强力、传统与现代、严谨与变化等。细致的英式定制剪裁、精湛的法国高级时装工艺和完美的意大利手工制作，都能在其作品中得以体现。

在配饰方面，麦昆擅长设计一些非常独特的头饰，如动物的头角、动物的面具等；在服装表演的舞台设计方面，他更是别出心裁，把表演场地选在喷水池中，抑或是将舞台设计成下着鹅毛大雪的雪地等，都是他的创意。麦昆说："在我的时装发布会中，你能获得你参加摇滚音乐会时所获得的一切——动力、刺激、喧闹和激情。"麦昆1998春夏时装以"现代都市中的狂野"为主题，其中经典作品"脊椎马甲"紧身衣，其变异的尖锐的金属脊椎，启发了人们对脊椎动物的兴趣，表现出人与动物的融合（图 2-1-19）。

2001春夏——亚历山大·麦昆的巅峰系列，这一发布会的主题为"沃斯"（Voss）。沃斯是挪威的一座以鸟类栖息地而闻名的小城，这就意味着该系列中会有很多关于鸟类的细节、配饰、羽毛、刺绣，而头饰造型则是

图 2-1-17　安妮·索菲·马德森作品一

图 2-1-18　安妮·索菲·马德森作品二

中世纪风格的头巾。麦昆把挪威小城沃斯中的山明水秀和鸟语花香装进了一个大大的玻璃展示柜，这一主题更像是一个大自然的艺术馆（图2-1-20）。

　　亚历山大·麦昆1997秋冬系列作品以"丛林之中"（It's a jungle out there）为主题（图2-1-21、图2-1-22），灵感源于非洲草原的食物链。麦昆解释说："这是一个可怜的小动物，它的斑纹十分可爱，它有黑色的眼睛和棕褐色的斑纹，还有美丽的角，但它是非洲食物链的一部分。它的出生就预兆着它的死亡。如果它能活上几个月，那是很幸运的了。这同时也是我看到的生命的预兆——关于人的生命，我们都可能很容易地被丢弃，很容易离开这个世界。诞生是为了离开，来来去去，这就是人生，这就是这样的一个丛林。"

图2-1-21　亚历山大·麦昆1997秋冬"丛林之中"系列作品一

图2-1-19　亚历山大·麦昆1998春夏"脊椎马甲"(Spine Corset)作品

图2-1-20　亚历山大·麦昆2001春夏作品

图2-1-22　亚历山大·麦昆1997秋冬"丛林之中"系列作品二

第二节 创意面料的可持续发展

生态和气候变化的速度远远超乎人们的预期。身处危机时代，人们的环保意识觉醒，越来越多品牌和公司开始正视可持续时尚的重要性并逐步致力于创新和研究。未来，可持续的时尚将是时尚界美的动力和源泉。"可持续发展面料"是指可回收，使用后可降解，供应链透明，在生产制造过程中对环境产生的压力较小，并且各环节都对环境污染小，经久耐用，可以循环使用的面料。

一、生态面料

（一）何为生态设计

生态设计的英文名称为 ecological design（简称 ED），通常也称绿色设计（green design，简称 GD）。虽然叫法不同，但内涵是一致的，就是在产品设计阶段就把环境因素和预防污染的措施纳入设计之中，将环境性能作为产品的设计出发点和目标，力求做到产品对环境的影响为最小。它是着重考虑产品环境属性的一种设计，这种设计在满足环境目标要求时，兼顾产品应用的功能。

（二）生态服装面料

进入 21 世纪后，崇尚自然、保护环境的观念日益深入人心，生态服装或将成为 21 世纪服装发展的趋势和潮流。生态服装必须具备下列条件：从原料到成品的整个生产加工过程中，不存在对人类和动植物产生危害的污染；服装本身不能含有危害人体的物质，或这类物质的量不得超过一定的限度；服装使用后的处理不会对环境造成污染；服装经过检测、认证并加有相应的标志。生态服装是从保护环境、保护生态出发，阐述服装产品绿色设计的内容、方法、特点以及评价环保服装绿色程度的评价系统。生态服装倡导服装面料及辅料的绿色化及穿着方式的生态化，为人们提供良好的生态环境和健康的生活方式。

生态服装的概念起源于德国。自从德国政府颁布禁止使用有毒偶氮染料的规定以来，世界上消费生态服装的潮流已形成不可阻挡之势。生态服装虽然还在初创阶段，但各国生产制造商已向市场推出了一些新产品，如纯天然纤维面料、不含有毒物质的生态染料等。

生态服装研发主要有两个方向：一是研制"生态"服装材料；二是革新传统工艺。其共同的特点是逐渐杜绝纺织、成衣业对环境和人体造成的伤害。许多服装业发达的国家，已将发展、运用生态技术列为 21 世纪改革纺织服装业的重要手段，蚕丝、棉及麻等植物纤维成为了生态服装的最佳材料。美棉 Cotton Incorporate(美国棉花公司) 与北卡罗来纳州立大学合作研究棉的可降解性，根据 2018 年开展的研究表明：在废水环境中 32 天，棉有 8% 的残留，涤纶有 94% 的残留；在淡水环境中 32 天，棉有 21% 的残留，涤纶没有降解；在咸水环境中 32 天，棉有 52% 的残留，涤纶有 96% 的残留。该研究充分体现了棉纤维在可降解性方面的优势。这也是大部分天然纤维材料在环境保护方面的优势所在。

1. 天丝（Tencel™）

英国 Courtaulds 公司开发出名为 Tencel™（天丝）的新型纤维素绿色纤维，它是将木质浆粕溶解于氧化胺溶剂中，经除杂直接纺丝而成，相比普通黏胶纤维，整个生产过程仅需约 3 小时，然而 Tencel™ 纤维产量可提高 6 倍左右。Tencel™ 生产中所使用的溶剂对人体完全无害，并且可回收 (99.5% 以上) 和反复使用，生产原料浆粕所含的纤维素分子不发生化学变化，无废弃物排出厂外，不会污染环境，属于"绿色生产工艺"，所以 Tencel™ 纤维被誉为二十一纪绿色纤维。美国利用生物遗传技术培育出彩色生态棉，它在生产加工过程中不使用染色加工，实现了纺纱、织布和成衣全过程的零污染。与此同时，生态羊毛、再生玻璃纤维、碳纤维、竹纤维以及酒椰纤维、黄麻纤维、龙舌兰纤维、菠萝叶纤维等都被用于服装上，连平时不为人注意的蒲公英也被派上用场，取代羽绒作为服装填充物。

2. 菠萝叶纤维

菠萝叶纤维是从菠萝叶中提取出的优质植物纤维，经加工可制成衣物，具有吸湿透气、不起皱和天然杀菌等优点。 20 世纪 90 年代，位于湛江的中国热带农业科学院农业机械研究所开始进行菠萝叶纤维的综合利用研究，先后承担了国家多项科研项目。2006 年，该所成功开发出最早的菠萝叶纤维织品——袜子，随后又开发出 T 恤、衬衣等新产品。经农业部鉴定，该科研成果填补了国内空白。科研人员先从菠萝叶中提取出原纤维，通过技术再提取出纤维麻条，原纤维粗糙比较硬，而纤维麻条很细很柔软，韧性也好。加工纤维麻条，就制成了混纺布和纯纺布。用菠萝叶纤维制成的服装，透气性比棉织品更好，穿起来柔软舒适，而且成本低。生产过程中，用剩的叶渣可以制成饲料、有机肥，还可以利用叶渣发酵生成沼气，实现资源的循环利用。

菲律宾是世界上最早开发菠萝叶纤维的国家之一，1996 年亚太会议在马尼拉召开，菲律宾礼服就是用菠萝叶纤维手工织造的网眼衬衫。在马尼拉购物中心，菠萝叶纤维纯纺衬衣售价每件 1397 元人民币，深受日韩、欧美游客的欢迎。菲律宾 2004 年出台法令，要求从 2006 年起，所有政府官员都要穿着菠萝叶纤维的制服上班。

在东南亚，菠萝收获之后，农场将这些菠萝叶子收集起来，他们只需对其进行简单的脱皮处理，就可以得到菠萝叶纤维。卡门·伊卓莎博士（Carmen Hijosa）的公司将这些纤维收集并运到西班牙，使用一系列先进的对环境友好的工艺对其进行加工，制成完全可持续的高性能无纺材质 Piñatex 菠萝皮革（图 2-2-1）。2016 年 2 月，来自西班牙的卡门·伊卓莎博士战胜了其他四名候选人，获得了"革新材质"大奖。英国艺术基金会（The Arts Foundation UK）的年度大奖下设六个奖项，是欧洲艺术与设计界的一大盛事。

2018 年，雨果·博斯（Hugo Boss）推出了以"全素"为主题的男鞋产品（图 2-2-2），其制作原料来自天然纤维 Piñatex，一种以菠萝叶为原料的皮革替代品，并采用了天然植物染料对面料进行染色处理，鞋底的材质则为"再生 TPU"，恰如其分地诠释了 100% 的"全素"概念。

3. 鱼皮纤维

很久以前我国的赫哲族人民就在用鱼皮做衣服、鞋子了，鱼皮纤维的提取是一种非常古老的鞣制技术。后来，牛皮、羊皮都有大规模的工业生产，鱼皮渐渐被淘汰了。近几年在西方社会，鱼皮又重新回到大家的视野中，像三文鱼皮这种食品供应链中的废弃物，可以用工业化的方式进行鞣制。鱼皮有自然而美丽的纹理，同时鱼皮的强韧程度非常高，是牛皮的三倍。虽然鱼皮是一种旧材料，但跟工业化结合以后，在某种程度上也可以说它是一种新的材料（图 2-2-3）。

图 2-2-1　Piñatex 菠萝皮革及其产品　　　　　　　　　　　　　　　　图 2-2-2　雨果·博斯以"全素"为主题的男鞋产品

4. 香蕉叶纤维

瑞士一家叫作 QWSTION 的箱包品牌公司用香蕉叶纤维来制作环保面料，生产箱包（图 2-2-4）。他们的原材料是在菲律宾这个盛产香蕉的地方找到的，但他们在菲律宾没能找到一个可以把它编成布的工厂。他们找遍了全世界，在中国台湾找到了一家愿意去帮他们织造面料的工厂。最后这个包是在广东东莞缝纫的。这是一个非常典型的材料赋能品牌的故事。有了这种面料以后，这个原本籍籍无名的小众品牌，突然间变成了一个在瑞士年轻人人手一个的潮牌。

天然的纤维色彩单一，如何运用科技手段将其色彩变得丰富，是当今生态服装科技研发的一个主要方向。现今采用有机染色法来解决这个问题，用天然色素对织物进行染色，开辟新的加工工艺，使服装在生产过程中不受有害物的影响。此外，以计算机技术、材料技术等为首的现代高科技技术在服装设计中也将得到广泛的应用，对服装面料的透通性、温湿度测试的科研成果将对着装环境产生巨大的影响，使生态服装的设计出现新的飞跃。

除此之外，还可以在材料上做一些深加工。比如日本研制的一种保健衣，在纯棉和纯毛原料中加入中草药和茶叶树茎的提取物，再经过特殊加工处理，使服装具有抗菌、防臭、吸汗和治疗等多种功效，这种科技附加值高的生态服装或将越来越受到人们的青睐。未来的材料开发，可能是需要很多国家、很多产业联合起来才能做成的一件事情。特别是可持续材料，它的原产地、技术和开发都不在一个地方。但是未来，这样的材料一定会越来越多。

二、生物面料

（一）何为生物艺术

生物艺术（BioArt）是以生物组织、细胞、活体及其生命状态为对象的艺术实践形式，艺术家借助生物技术，如基因工程、生物组织培养技术等，在试验室、工作室或艺术空间创作生物艺术作品，来表达思想与观念。生物艺术是一场国际化的艺术运动，也是当代艺术脉络下发生与发展起来的科技艺术，与数字虚拟艺术、人工仿生艺术、物理转换艺术一起成为新型的试验艺术或未来艺术的类型。

因时代的发展、科技介入程度和方式的不同，生物艺术也有广义与狭义之分。广义的泛生物艺术出现在 20世纪 30 年代初，但当时还没有出现生物艺术的定义。生物艺术的概念是在 1997 年左右出现的。生物艺术是对

图 2-2-3　冰岛的鱼皮纤维及鱼皮面料产品［意大利福马凡塔斯玛（Formafantasma）设计工作室作品］

图 2-2-4　香蕉叶纤维包（瑞士某包袋品牌产品图）

科学和哲学的寓言性思考，探寻物质的本质，揭示生命存在的意义。同时，人工化的生物艺术的基因杂交、转基因、克隆、人机合一技术下的艺术也直接反映出科技与自然、人本主义与科学主义之间的冲突，以及带给人类新伦理关系的冲击和对自然生态的破坏。科技是一把双刃剑，科学家和艺术家应该站在人类未来普世价值观的视角看问题，坚守知识与权力拥有者的道德底线。

生物设计是一个新兴的设计运动，涉及科学家、艺术家和设计师的交叉合作。艺术家和设计师需要生物学家的科学知识，而生物学家则从艺术家和设计师的全局思维和外部视角中受益。设计与生物系统的整合，便是将生命有机体纳入或模仿设计中的物质资源。从这个意义上说，生物设计师正在成为一种新型设计师，他们正在使用一种非常强大的"材料"，创造着无数的新可能。

（二）生物服装面料

面对时尚的"快餐式"消费以及由此带来的环境污染和破坏，时尚界正掀起一股寻求变革的新浪潮。关于生物艺术在服装上的应用成，为了当下设计师们火热探索的话题。

1. 海藻服装

设计师试图通过可持续的方式用新兴技术提出环保时尚的解决方案。伊朗裔加拿大设计师罗亚·阿吉吉（Roya Aghighi）近期推出了一款以藻类为原料的外套并将其命名为"Biogarmentry"。来自英属哥伦比亚大学的数名科学家为罗亚·阿吉吉提供了技术支持与协助，最终成功研发出由藻类制成的服装。多方协作下的试验结果表明，将莱茵衣藻与纳米聚合物一起纺丝会得到近似于亚麻的混合物。经过持续的探究，设计师成功创造出"光合纺织品"，其服装与大自然的花卉植物无异，是一件会"呼吸"的生物服装（图2-2-5、图2-2-6）。

与市面上常见的环保可持续纺织材料不同，由于这款服装含有衣藻，在阳光下它会自主进行光合作用，将空气中的二氧化碳转化为氧气。将其放置在阳光下，在一定程度上还可以净化穿着者周围的空气。穿着和清洗时需要格外细心，甚至需要参考照顾植物的方式，每周一次，定期浇水，细心呵护这件"生物服装"，才能使其保持生命力。然而，即便按照指引来悉心照料，这款服装的寿命也极为有限，通常来说只有一个月的时间。当然，贯彻可持续的环保理念，在处理或决定抛弃这件生物服装时，它也可以被制成堆肥，不会产生任何废弃物或造成环境污染。

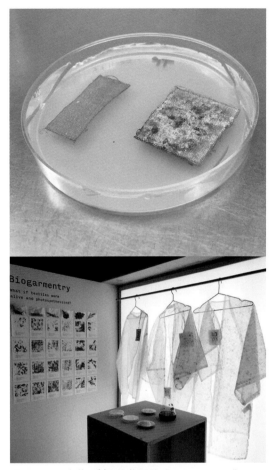

图 2-2-5　海藻面料和生物服装 "Biogarmentry"

图 2-2-6　海藻服装 "Biogarmentry" 局部
（罗亚·阿吉吉作品）

藻类生物的潜力远不止如此。来自德国的设计师卡罗琳·拉夫（Carolyn Raff）将基于藻类（主要是螺旋藻和红藻）的明胶替代琼脂，创造出一种新型生物塑料片。生物塑料是一种100%可生物降解的材料，具有不同的颜色、外观和结构选择，因为材质与塑料相似而以此命名。除此之外，还可以用从其他微藻类中提取的天然色素染色，比如围绕红藻展开的"纯色"项目试验。这个项目对不同类型的红藻胶凝提取物"卡拉胶"进行了不同测试。将生物塑料片聚合成花朵的模样，再用剩余藻类染料将丝绸染色加以点缀，就变成了生物聚合物丝绸胸针配饰（图2-2-7、图2-2-8）。

2. 地衣服装

　　英国服装设计师皮耶罗·丹吉洛（Piero D'Angelo）制造了一种织物，可通过过滤我们周围的空气来减少有害污染物。这种面料的主要有效成分是地衣，之所以选择这种特殊的生物有机体，是因为它具有特殊的特性，例如从空气中吸收污染物（二氧化碳、氮和二氧化硫等），并将其代谢为毒性较小或无毒的化合物。地衣是一种真菌和藻类的共生体，两种生物之间是相互共生的关系，试验性的实践可以为设计师提供更有价值的灵感。空气污染基本上是由工业和家庭排放引起的，因此丹吉洛希望每个人都能参与到这个过程中，使用者可通过使用DIY服装套件中的材料，由地衣生长出服装（图2-2-9、图2-2-10）。

注释：生物塑料指以淀粉等天然物质为基础在微生物作用下生成的塑料，它具有可再生性，因此十分环保。许多国家都开展了相关研究。

图2-2-7　海藻染料和生物塑料（图片来源于卡罗琳·拉夫）

图2-2-8　卡罗琳·拉夫海藻实验（图片来源于卡罗琳·拉夫）

丹吉洛还受到生物技术启发，通过单细胞生物和香料的相互作用，使用者可以定制具有不同香气印刷的花卉图案服装。通过使用一种香水，与特定的活体物质（一种以细菌、酵母和真菌为食的单细胞生物）相互作用，以产生香气印花服装。遵循不同物质间吸引和排斥的一般规则，可以将微生物的生长控制为预先设计的图案，从而设计出理想的印花织物（图2-2-11）。与石油基材料相比，生物基材料的确具有不可预测的生物特性，对许多条件和生物本身也有不少依赖性和限制性，所以这项全新的设计过程，既是机遇也是挑战。

3. 生物染料

西澳大利亚大学现在是世界生物艺术上最重要的一个研究领地。20世纪末，西澳大利亚大学成立了一个机构，叫作"组织文化与艺术项目"。这样一个做组织工程的新部门，直接导致该机构在未来艺术方面走在了前面。生物组织经过工程化就可以改变基因，也就是工程细菌，它可以改变很多东西。如艺术家奥隆·凯茨（Oron Catts）组建的生物艺术试验室Symbiotic A，就通过啮齿动物取出的胚胎细胞生长出"皮革"夹克。再如对于服装染料的研究，不是从化学原料上提取制造，而是通过生物活性的方式来构造，后者对人体健康有好处。

未来的变革通过试验使得艺术有了无限的可能性。可能从事印染的人员一下子就做医生了，因为发现了一个能够治疗身体的染料，面料运用染料以后，甚至可以改变我们的身体结构，治疗疾病。纺织品行业是污染比较高的行业，特别是染色这个步骤，要用到大量的化工原料和大量的水。现在发现，细菌是可以染色的。细菌有各种各样的菌种，有蓝菌，有绿菌，而它们的二代排泄物是有色素的，这些色素可以成为纺织品的染料。这种方法只能用在天然的纺织品上。细菌染色的衣服，肯定是纯天然面料的，否则染不上去。举两个例子：

图2-2-9　英国设计师皮耶罗·丹吉洛的地衣服装作品一

图2-2-11　英国设计师皮耶罗·丹吉洛的地衣印花服装作品　　图2-2-10　英国设计师皮耶罗·丹吉洛的地衣服装作品二

自然界中产蓝紫色色素的微生物比较少，因此，天然的蓝色色素比较罕见。1997 年日本报道了一种能够产生蓝色杆菌素和紫色杆菌素的细菌，这种细菌来源于污染的蚕丝：蚕丝在润湿状态下放置几个月，有一部分变色为蓝紫色，从蚕丝上分离出了该菌株，随后利用有机溶剂四氢呋喃从菌体中萃取色素。利用该色素对不同织物进行染色试验，发现该色素性能稳定，色泽良好，适用于蚕丝、羊毛、棉等天然纤维的染色。

红曲霉菌：红色、紫色、橙色、黄色

红曲霉菌能产生大量的天然红曲色素，红曲色素中主要含有 6 种醇溶性的色素和 4 种水溶性的色素，主要有红色素、紫色素、橙色素和黄色素等。有研究者直接采用红曲霉菌对蚕丝织物进行染色，具体方法为：将培养好的红曲霉菌接种到培养液中，在 28 ~ 30℃培养作为扩大培养液，后加入稀土作为媒染剂，对灭菌后的蚕丝织物进行低温染色，染色织物的各项色牢度均能达到基本服用要求。

4. "活" 的服装

内里·奥克斯曼（Neri Oxman，以色列裔美国建筑设计师，麻省理工学院教授）的介导工作室，做了一个个人未来宇宙旅游的衣服。这件服装处于活的、可以生长的状态，可以在宇宙中吸收万有能量，或者是宇宙中的公平能量——光线，这件衣服通过光合作用产生蛋白质和碳水化合物，然后给宇宙旅行者提供蛋白质，就像面包和牛肉一样。此外，这件衣服还可以通过光线来继续生长。那是一种互动到一起的生命形式，生长出来后不断在做自身的维护，就像生命一样，是活的物体（图 2-2-12）。未来是一个光子的时代，用光的能量来实现造型，是未来服装设计行业努力的方向。

5. 细菌服装

细菌纤维素具有环保材料的属性，它不破坏生态环境，可以自然降解，是可持续材料。在棉花、羊毛和皮革等原料价格不断上涨、环境污染严重、资源紧缺的情况下，这种生物面料所展现的优势更为突出。时装设计师苏珊娜·李（Suzanne Lee）用绿茶和糖中的细菌研发的纤维素新型纺织材料被做成了时尚的服饰。身为时尚和纺

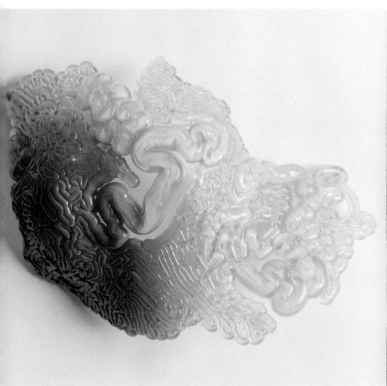

图 2-2-12　内里·奥克斯曼的介导物质研究团队研制的可生长面料

织品设计师的她，也经常向生物学家求教并合作。她认为，生物学能给未来的纺织纤维材料带来很大的想象空间，通过不同的 DNA 组合，可以制造出前所未有的功能和质地的材料。在耗费了整整 7 年时间后，她在家中浴室的浴缸中，成功研制了"种"衣服的培育技术，并在 2011 年的 TED 公开演讲上介绍了她的培育过程。她说："你仅仅需要准备绿茶、砂糖、一些细菌，再加上足够充分的时间，就能得到一件衣服的面料。"

在演讲视频中，苏珊娜使用的为红茶菌配方。简略说明流程则是，在加入红茶菌和其他微生物的共生混合物后，细菌通过发酵会自行纺出纤维素，经过一段时间，纤维在液体中形成纤维层，最后在液体表面形成一块纤维毯，将其水分蒸发。通过这种方法便可以得到人工培育的面料。对培育出的面料进行裁剪和缝纫能够制作出想要的款式，这些衣服非常环保，就像平常的瓜果皮和蔬菜，同样可以自然地降解，纯天然，无污染（图 2-2-13、图 2-2-14）。苏珊娜还希望这种技术材料可以举一反三，在不同特质液体中自动生成不同质感和色彩的面料。

当代艺术家唐娜·富兰克林（Donna Franklin）创造出世界上第一件以葡萄酒做成的连衣裙。唐娜与为西澳大利亚大学实行试验的 Bioalloy 研究所合作，通过在红葡萄酒中引入醋细菌（在将葡萄酒发酵成醋的过程中使用的细菌）创造出纤维状纤维素布料。醋细菌在含有葡萄糖的溶液中会生成纤维素，纤维素的化学结构与棉相似，其他酒类也可以替代葡萄酒。艺术家与合作的技术人员运用其他酒精饮料，如白葡萄酒和啤酒，研发出不同色彩和质感的衣服。生物材料的运用赋予时尚以新的趋势。细菌纤维素有无毒、抗菌、不防水等特点，如今对于细菌纤维素的研究还在持续进行中，未来可能可以作为传统材料的替代品。

图 2-2-14　苏珊娜·李使用红茶菌面料制作的服装

图 2-2-13　苏珊娜·李制作的细菌纤维素面料及时尚产品

6. 蘑菇纤维

　　蘑菇是比较常见的食物，可以用来制作面料的材料是蘑菇的根部，就是菌丝这个部分，菌丝体是可以自然生长的。蘑菇生长在地下的时候，菌丝会跟泥土非常好地结合在一起，而且生长速度非常快。这种菌丝跟木屑或者其他的一些生物基材料结合在一起的时候，可以变成一块一块的"砖"（图2-2-15）。如果把它再扔回到地里，它可以在两个星期之内降解。它可以顺着任何模具生长，根据器皿的约束长成所要求的形状，未来这种材料可能不是在工厂里做出来的，而是在大暖棚里面长出来的。菌丝材料既防水、又防火，还能够抗撞击，将来也许是一个很好的取代塑料的材料。

　　菌丝材料有保温性能好、成本低、可生物降解、低水耗等特点。荷兰设计师安吉拉·霍丁克（Aniela Hoitink）利用细菌体培育出"真菌衣"，它可以在需要时进行修补，不再使用时还可以进行分解。这件"蘑菇衣"还有抗菌保护皮肤的效果。这件衣服不需要缝纫，因为"真菌"会生长在一起，破了能自我修复，如果不需要了，扔到哪里都能自我降解，十分环保（图2-2-16、图2-2-17）。做一件纯棉T恤需要2500升水，而这件衣服只用12升水就做成了，可以节省不少资源。同时菌丝体还可以替代皮革，将动物从被杀戮中解救出来，菌丝体生产过程耗时短，碳排放量几乎为零，因此人们有必要认真思考一下这种环保材料在未来的发展。

图2-2-15　菌丝纤维在模具上的生长过程［美国"菌丝"生物材料公司（Ecovative Design）研发］

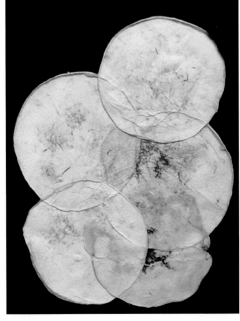

图2-2-16　菌丝面料小样（安吉拉·霍丁克用蘑菇菌生长了大约一周形成的圆盘，得到的原型织物）

图2-2-17　安吉拉·霍丁克用原型织物制作的服装（没有任何切割或缝合）

第三节 创意面料的应用原则

一、整体应用

创意面料的整体应用，即用整个纺织面料肌理再造加工的方法，能够将面料本身的肌理特征突显出来，反映出服装设计师所具备的服装整体设计与面料肌理结合的能力。通常情况下，创意面料设计需要考虑到肌理质感、艺术性、应用效果等几个方面，它会使服装看起来更加的生动和精致。服装设计师在进行设计时，要将创意面料应用的方式和尺度精准地把握好。

创意面料对于服装有着创新性的表现力，整体应用于服装上，有三个基本原则：

① 创意面料要与一定的工艺手法相结合运用，做到面料与工艺相呼应，工艺成就了面料，面料也很好地表现了工艺技术。

② 需要结合服装的款式，在不同款式的表达上，创意面料的具体形式也有不同的规律与原则。服装的整体表现与面料和服装款式密不可分，不同的款式在造型方面对面料也有不同的需求。

③ 面料的创意设计还要考虑到系列化服装的个体差异性，每套服装都有各自的特点，但又不会偏离整个系列，这也是服装面料创意设计的要点。

图 2-3-1 至图 2-3-4 所示的作品为面料的整体应用案例，整个作品以一种质感的面料为主体，在款式设计和细节装饰上做了差异化处理，整体应用统一、完整，视觉冲击力更强。

二、局部应用

在创意面料的局部应用中，款式、面料、色彩等都是设计师需要把握的要素，这些要素相互协调，才能够产生感官的愉悦感。创意面料的局部应用，更需要服装整体风格的准确把控，使得局部融合于整体，展现服装的风格和特点，呈现最佳的视觉效果。

在局部应用创意面料时，还要注意创意面料与服装主题的协调性，面料的材质、质感、色彩等都可能影响主题的表达，要使最后呈现的效果接近设计预想，对面料性能要有一定理解。创意面料的局部应用常常会涉及一些非服用面料，当面料硬度很强时，制作过程中就可能需要借助一些面料来解决工艺上的问题。同时，还要注意整体面料与局部非服用面料的统一性问题，主要是指面料与局部创意面料在造型、色彩和工艺方面的结合。比如，选择橡胶手套作局部创意面料，由于其质地较软便于操作，因此处理橡胶手套与面料时，既可以将其一个个单独缝制到面料上，也可以先将其缝制在一起，成为一个整体后再缝制于面料上。在缝制处理后，要尽量避免露出缝制痕迹，可以选用与面料相同色的底线，在面料上留下较小的针迹。这样面料与局部创意面料会很自然地融为一体。图 2-3-5 ～图 2-3-8 所示的作品为创意面料局部应用的案例，作品以几种不同质感的面料为主体，细节装饰富于变化、突出个性。局部应用灵活生动，和主体面料形成对比，具有节奏感，是创意面料常见的应用形式。

图 2-3-1 整体应用案例 作者：何沛
作品名称：*The Amusing Facial*

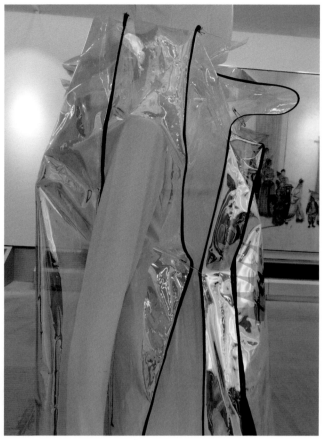

图 2-3-2 整体应用案例（局部） 作者：何沛
作品名称：*The Amusing Facial*

图 2-3-3 整体应用案例 作者：王靖钰、马嘉璐 作品名称：《褶构》

图 2-3-4 整体应用案例 作者：王靖钰、马嘉璐 作品名称：《褶构》

图 2-3-5　局部应用案例　作者：严灶领
作品名称：《视觉强迫症》

图 2-3-6　局部应用案例（局部）　作者：严灶领
作品名称：《视觉强迫症》

图 2-3-7　局部应用案例　作者：步凡、张琬晨　作品名称：《左右映射》

图 2-3-8　局部应用案例（局部）　作者：步凡、
张琬晨　作品名称：《左右映射》

第三章

创意面料设计的方法

第一节　纤维材料

改变面料的结构特征的方法有镂空、剪切、切割、抽纱、烧花、烂花、撕破、磨洗等，使得材质呈现出不同的美感，或层次丰富的肌理美或不完整的残缺美。如牛仔面料常采用割纱、抽纱、磨洗等手法，以加强牛仔面料粗犷、豪放的意象。而薄纱类面料则通常用堆叠的方式增加面料层次感和色彩空间混合的特殊效果。服用面料类材料的创意开发方法大致包括面料的增型处理、减型处理、钩编处理、变形处理、综合处理、局部改造、整体改造、零散材料的整合设计等。

一、增型处理

面料的增型处理是指用一种或两种以上的材质在现有面料的基础上运用黏合、热压、车缝、补、挂、绣等工艺手法，以形成立体的、多层次的肌理效果。增型主要包括拼缝、堆叠、刺绣、钉珠等形式（图3-1-1、图3-1-2）。

图3-1-1　龙·特兰（Long Tran）2014 春夏

图3-1-2　二宫启作品

增型设计是对面料做"加法"的设计，是面料形态的一种常用处理方法，能够极大地丰富面料的视觉效果。通常可选择一种或者两种不同的服装面料，与现有的服装面料相互混搭叠加，采取车缝、热压、拼贴、刺绣、吊挂以及黏合等工艺手段，添加相同或不同的材料，如珠片、刺绣片、羽毛、花边、贴花、明线等，进而形成全新的设计效果（图3-1-3）。

面料肌理再造中在一些纺织面料上进行木头、羽毛及贝壳或金属饰品的镶嵌，属于物理结构的更改，用此种方法可增加美观性，达到预期装饰效果。使用这种工艺需要注意的是，饰品的选择一定要结合服装设计的面料质地及色彩来进行，以便把握整体关系，遵循美观和谐的原则，纹理要素及排列方式要有层次秩序及疏密关系。科学技术的飞速发展，不断拓展着肌理再造的表达空间，化学方法也变得更加多元化，例如涂层法及电镀法的应用，带来了新的感官冲击。

在香奈儿2015春夏高级定制系列秀场上，卡尔·拉格斐（Karl Lagerfeld）这样说道："层叠的设计往往会让衣服显得过于厚重，但是如果采用雪纺等面料，就会舒适而优雅。"衣服上的饰品采用金色羽毛、闪烁亮片，全部都是纯手工制作而成，花费工艺师们成百上千个小时，每一件都是精品。细节部分，羽毛刺绣的褶皱长裙与花朵刺绣胸衣相搭配，清晰可见的细珠花蕊上绽放着薄纱、欧根纱以及人造琥珀花瓣打造的花朵刺绣，如此种种，把增型肌理做到了极致的精美（图3-1-4、图3-1-5）。

二、减型处理

面料的减型处理是指对现有面料进行镂空、烧花、烂花、抽丝、剪切、磨砂等形式的破坏，以形成错落有致、亦虚亦实的创意效果。

减型处理主要包括镂空、雕花、腐蚀等形式。减型设计主要是对面料做"减法"的设计，是设计师结合创意构思对材料进行局部去除或破坏，使其具有不完整、无规律或破烂感等外观。采用镂空、抽丝、剪裁、磨洗、腐蚀等形式，产生错落有致、虚实相间视觉效果的面料（图3-1-6～图3-1-8）。

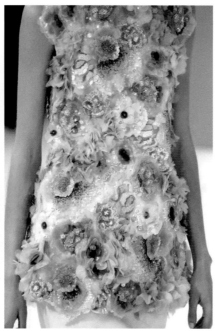

图3-1-3 巴尔曼2012秋冬高定　　图3-1-4 香奈儿2015春夏高定一　　图3-1-5 香奈儿2015春夏高定二

图 3-1-6　面料的减型处理一

图 3-1-7　亚 历 山 大·麦 昆 2000
秋冬"Eshu"系列

图 3-1-8　面料的减型处理二
（丹麦设计博物馆，丹麦设计师
安妮·索菲·马德森作品）

三、钩编处理

面料的钩编是指运用各种各样的纤维，用钩织或编结等手段，组合成各种各样富于创意的服装作品，可形成凹凸、交错、纹理、对比等视觉效果（图 3-1-9）。

编织、编结手工艺应用于服装设计当中，其技法是造型的直接手段。工艺技法的运用能够直接影响作品的结构、造型、肌理、视觉效果、材质质感的显现，而工艺本身所具有的特征——在经线与纬线的交织运作中，在各种色彩、层次的变化中使服装独具魅力。用于服装的主要编结技法有挑压法、编辫法、绞编法、收边法、盘花法等。编结需要设计组织结构和纱线色彩、材质的搭配，肌理和材质属性的美感（图 3-1-10、图 3-1-11）。

图 3-1-9　钩编面料服装

有些艺术表现力极强的编结服装也被称作"软雕塑"，即利用纤维自身的"可站立性"制作作品。较之平面状态，不仅体现了纤维材料的柔和、轻巧，而且使作品表现出如雕塑一样的力度、体积感和厚重感。"软雕塑"服装的出现有几方面的诱因：其一，纤维材料选择范围的拓宽；其二，现代服装需要这种表面柔软、质地蓬松的立体感来增加作品本身的艺术表现力，而在人体表面装饰的平面效果无法充分得到展现；其三，受到当代艺术的影响。

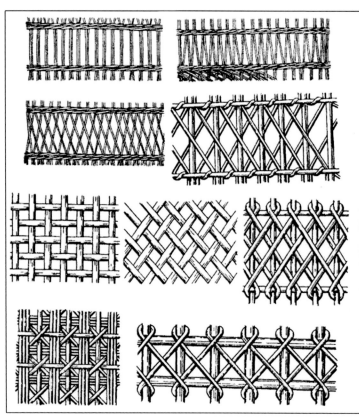

图 3-1-10　编织制作方法［图例为凯瑟琳·亨特（Cathryn Hunt）作品）］

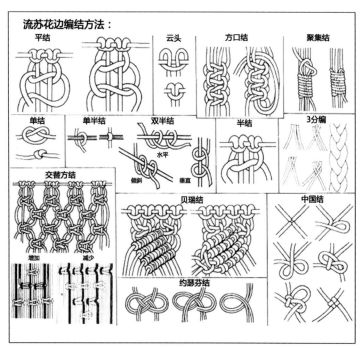

图 3-1-11　编织制作方法（图例为伦敦设计师埃莉诺·阿莫罗索作品）

在一类作品中设计师运用纤维编结形成一定的肌理和厚度，利用其可塑性和悬垂性的特点，可在空间中展现服装廓型的张力。

例如瑞典设计师"针织女王"桑德拉·巴克隆德(Sandra Backlund)的手工钩编服装，突出了花纹的穿插组合，富于空间层次，极具雕塑感。桑德拉·巴克隆德的针织作品，是针织品牌中最怪诞的代表。她常用的手法是在棉线之间穿插梭织面料，以粗棒针加上扭花、螺钿造型加鼓波组织，把衣裳做成了躯壳，感染力很强。这些编结形态与纤维的原始形态和常规设计方法有着巨大的反差，把立体构成的造型元素搬到编结服装上，表现出抽象主义和未来主义的特色。重复、渐变、起伏的几何形体如同音乐的乐符一样给人跌宕起伏的韵律感。它的设计让人第一眼忍不住惊叹，柔软的毛线仿佛有了生命，在人的身体上灵动地缠绕，产生硬朗又生动的轮廓（图 3-1-12 ～图 3-1-15 ）。

图 3-1-12　瑞典设计师桑德拉·巴克隆德的手工钩编服装一

图 3-1-13　瑞典设计师桑德拉·巴克隆德的手工钩编服装二

图 3-1-14　瑞典设计师桑德拉·巴克隆德的手工钩编服装三

图 3-1-15　瑞典设计师桑德拉·巴克隆德的手工钩编服装四

四、变形处理

面料的变形处理是指通过一定的工艺技法，重新定型面料，改变面料原有的形态特征。以不同形态的褶皱最具代表性。褶皱一般是用针挑起面料上几个确定的点，抽成一个点，再拉紧后打结得到的。形态会根据面料上连接点的距离长短和连接点的方向进行变换，可大可小，可连可断，且这样定型的面料耐水洗、不易松散。具体操作方法如下：先在布的反面，按所设计的褶皱大小，画好米字方格。在方格内按照设计需要缝合连接线，连接线的形式可归纳为三种：直线连接、折线连接、弧线连接。每种线的不同排列方式，都会使褶饰外观形成不同的视觉效果。连接线的设计对褶饰效果的形成具有非常重要的作用（图 3-1-16、图 3-1-17）。

不同的面料在褶皱成型过程中需根据不同特性选择合适的加工工艺，从而完美体现面料形成褶皱后的肌理美。织物采用机械或手工方法立体成型并定型后，最终用于服装设计。褶皱面料的加工工艺主要有以下几类：

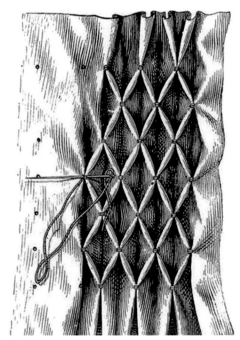

图 3-1-16　褶皱制作方法

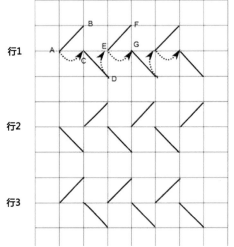
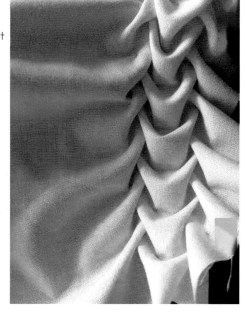

图 3-1-17　褶皱制作方法

机器压褶：借助机器呈现有规律的褶，多采用直线或波纹等形状。适用于机器压褶的面料主要有棉和丝绸。机器压褶的直线形状可以改变直线间距可获得不同的效果，适合制作整个织物。机器压褶的衣服自然光滑，可随意放置，无需熨烫。

手工制褶：使用手工制作技术塑造褶皱，适用于定制服装。适合手工制褶的面料主要有麻、真丝、棉等。主要形式有直线、变化直线与几何形。手工褶可分为线缝褶和立体褶（图3-1-18）。

折叠成褶：主要包括平面折叠和拉伸折叠。棉、亚麻和涂层织物等通过折叠会产生清晰棱角的面料适合平面折叠（图3-1-19），这类面料的表面肌理与质感会因折叠而增强；而羊毛和皮革等较为挺括的面料适合拉伸折叠，这类面料经切割、拉花处理、裁片、缝合等步骤，最终用于服装局部装饰。

缩褶：运用橡皮筋和拉伸带等配件形成的褶皱，被广泛运用在服装的领口、袖口等位置。橡皮筋衬底依赖于橡皮筋的弹性和回弹功能产生褶皱，这种褶皱适用于轻薄的棉麻梭织物和针织物。

立体褶：在基本褶上填充其他有立体要求的位置，填充物可以是棉或其他织物。立体褶可填充腰部、肩部与袖口等位置。适用于立体褶的面料主要有棉和丝绸（图3-1-20）。

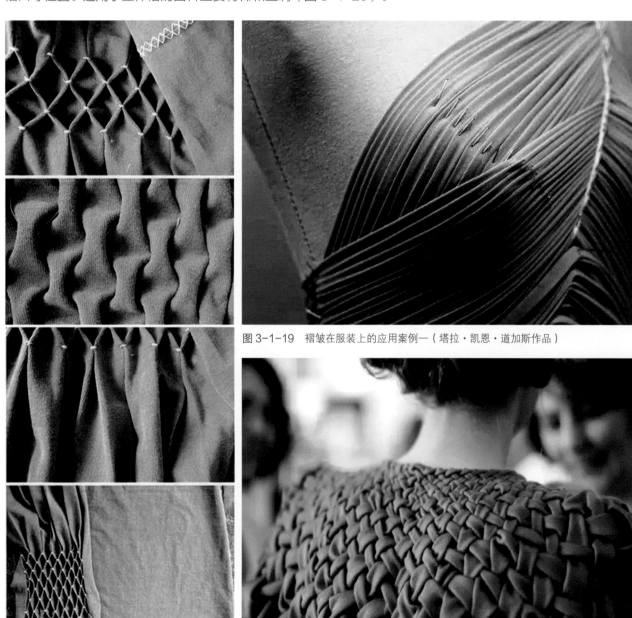

图 3-1-19　褶皱在服装上的应用案例一（塔拉·凯恩·道加斯作品）

图 3-1-18　褶皱制作方法　　　　图 3-1-20　褶皱在服装上的应用案例二

五、综合处理

面料的综合处理是指在进行服装面料改造时，运用多种工艺手法进行表现。灵活地运用综合设计的表现方法，会使面料的展现效果更加丰富，以创作出具有独特肌理和视觉效果的作品。但是，多种工艺技法结合运用时也需要注意其组合形式的合理性，也就是说视觉风格要一致。图3-1-21和图3-1-22为面料手绘和褶皱堆积技法融合的服装作品，手绘面料通常选择桑蚕丝、绡、绢、纺等天然丝类，天然面料着色效果会更好，染料可以选择专用的纺织染料搭配固色剂使用，也可以绘制完成后再用高温蒸汽固色。绘制图案时染料由浅入深上色，需要留白的边线处可以先绘制一层海藻酸钠（也称为海藻胶，粉末状，需要加水调和）以防止染料渗入。还可以通过喷洒酒精、盐粉、尿素等化学物质，制作出特殊的肌理效果。作品褶皱部分的形态和手绘部分的图案从色彩和造型两个方面有所呼应，使整件作品浑然一体。面料的综合处理是服装设计师最常用的方法。在统一中求变化、在变化中求统一，是综合处理的核心法则。

图 3-1-21　面料综合处理案例一　王靖钰、马嘉璐作品　　　　图 3-1-22　面料综合处理案例二　王靖钰、马嘉璐作品

六、局部改造

面料的局部改造是为了突出服装某一局部的变化，增强该局部面料与整体面料的对比性。通常会针对领部、肩部、袖子、胸部、腰部、臀部、下摆及衣服边缘等部位，进行局部的面料改造设计。局部改造适度原则很重要，要在把握好整体效果的情况下处理好局部变化，局部装饰应该是整件作品的点睛之笔（图3-1-23～图3-1-26）。

七、整体改造

面料的整体改造可通过强化面料本身的肌理、质感及色彩变化，展示出设计师对服装设计与面料改造两者之间的调控能力。三宅一生就曾用宣纸、白棉布、针织棉布、亚麻等材料创作出各种肌理效果的面料，他对于面料的改造至今仍被视为典范。也可以在既成品的表面添加相同或不同的材料，即通过缝、绣、钉、黏合、热压等方法，在现有的材质上添加设计，以形成材质的对比效果，并以此来加强和渲染服装造型的表现力（图3-1-27～图3-1-30）。

丹麦设计师安妮·索菲·马德森在面料的整体改造上颇具创意。她的创作风格奇异疯狂，手工细节错综复杂。她对面料的创造性改造，主要是在已有面料的基础上，使用褶皱、手绘、镂空、折叠等传统方法，对服装进行一种整体气氛的调试，效果非常柔美精致（图3-1-31、图3-1-32）。

图3-1-23　面料的局部改造案例一　　　　　　　　　　　　　　图3-1-24　面料的局部改造案例二

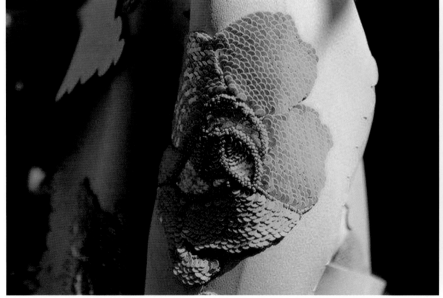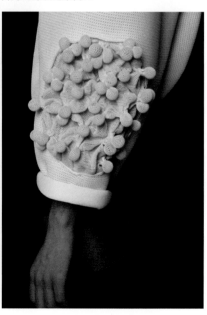

图3-1-25　面料的局部改造案例三　　　　　　　　　　　　　　图3-1-26　面料的局部改造案例四

图 3-1-27　整体改造案例　　图 3-1-28　整体改造案例（局部）　　图 3-1-29　整体改造案例　作者：梁晶晶、邱丽竹
迪奥 2016 春夏　　　　　　　迪奥 2016 春夏

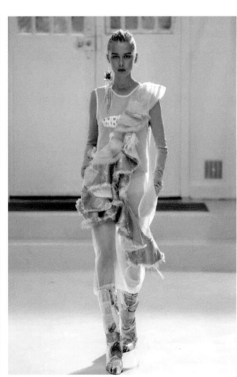

图 3-1-30　整体改造案例　托尼·沃德　图 3-1-31　安妮·索菲·马德森作品一　图 3-1-32　安妮·索菲·马德森作品二
（Tony Ward）2019 秋冬时装

英国品牌玛切萨（Marchesa）在面料设计上精致唯美，风格鲜明。该品牌于 2004 年由两名年轻女设计师乔治娜 · 查普曼 (Georgina Chapman) 及凯伦 · 克雷格 (Keren Craig) 创立。玛切萨以昂贵的材质、精细的工艺、特殊的剪裁迅速赢得欧美女星名媛的追捧。乔治娜的职业生涯起点是给各种戏剧院和电影做服装，而凯伦则专注于印花和刺绣设计，两位设计师所擅长的重点不同，合作却天衣无缝。设计师对于面料的创意设计非常值得借鉴学习（图 3-1-33、图 3-1-34）。

图 3-1-33　玛切萨品牌作品一

图 3-1-34　玛切萨品牌作品二

八、整合设计

材料的整合设计即将多种材料组合在一起，形成一个新的整体，创造出高低起伏、错落有致、疏密相间等新颖独特的肌理效果。比如面料块、条拼接时，或露出异色毛边，或用异色线带串连，形成跳跃的拼接纹理。还可以用点状连接件串连，使面料形成镂空效果。运用线、绳、带等编织或编结的方法来组合材料也十分常见。此外，一些质地较硬的非服用面料，需要根据材料的特性选择合适的工艺，使其与面料自然融合（图3-1-35、图3-1-36）。

图 3-1-35　材料的整合设计案例一　王鑫、赵启行作品

图 3-1-36　材料的整合设计案例二　郑莉玮、王镇逍作品

第二节 纸质材料

纸张拥有着悠久的历史文化，历经漫长岁月的沉淀，已经形成了一种独具特色的文化形式。纸质材料作为环保材料，将其应用到生活中，挖掘纸材质的艺术价值，并探讨其与服装设计的结合，不但可以诠释低碳的生活方式，而且能够很好地拓展服装材料的艺术表达空间，创新设计思路。

我国最早的纸衣起源于明代，皇宫内的女子为了便于每日服装的清洁，制作了各种各样的纸衣领，每日一换，干净整洁。那时将折纸工艺应用到衣领设计中比较盛行，广泛受到皇室内眷的喜爱。20世纪60年代纸质服饰开始在美国得到发展并日益兴盛，随后纸质服装在欧洲得到传播与发展。纸张会被做成精美的一次性衣服让模特来穿着。但是这种纸质的衣服在20世纪只是流行了几年的时光。在服装设计多元化、多层次的今天，传统的艺术形式以其独特的魅力为设计师提供了创作灵感。

因造纸原料的不同，纸材料服装拥有诸多风格的肌理，有的光滑软糯如丝绸，有的粗犷坚硬如木材。除了纸本身的肌理外，通过二次加工后的纸被赋予了新的肌理，加工处理的方法主要有揉搓、刮擦、化学腐蚀、镂空、折叠等。变化丰富的肌理效果，赋予了纸质服装设计更多的创意空间。

一、折纸工艺

折纸是纸艺术的一部分，即在二维平面纸上，运用折、叠、皱、卷、翻、插、嵌、拼、拉、挤等手法，创造三维立体形态的过程。折纸服装吸取了折纸艺术柔中带刚的特点与造型美感，采用折纸手法并辅以剪、切等细节技巧，将面料进行有序叠加或堆砌，使得平面的面料具有了立体效果，清晰地将服装结构与造型特征呈现出来。很多设计大师汲取折纸艺术的设计灵感，将折纸元素运用到自己的作品中，用独特的手法诠释了现代服装的形式美。

20世纪经历了70年代的宽松式和80年代的复古潮之后，随着绿色环保理念和返璞归真的思潮的发展，80年代末，追求"无结构设计"成为一种趋势，即注重面料表现的整体性和自然属性，采用别、折、叠、捆、缠绕和披挂等传统折纸手法，使面料的整体与人体的曲线相适合。传统折纸艺术中的结构特征与表现手法，正是这种无结构服装灵感与智慧的启发者。一些设计师以此追求自由的创作空间，创造更个性化的设计作品。此时，活跃在西方时装界的一些日本设计师摆脱了西方裁剪模式的束缚，借鉴东方传统的制衣技术，结合折纸艺术中的立体造型手法，创造了耳目一新的服装语言。日本服装设计大师三宅一生用折纸技法设计的服装，突破了服装对身体的规定，同样也突破了服装的传统结构，是对三维空间的艺术表达。三宅一生将折纸艺术运用到了极致，打破了传统的结构模式，摒弃了以往各种款式或部件的简单组合。其糅合二维平面与三维立体结构的创作手法，创造了独特的设计语言，形成了标识性的三宅一生风格。

2010年三宅一生发布了与现实试验室（Reality Lab）合作的品牌"132 5."系列时装。"132 5."是一个多学科的设计过程，是三宅一生的另一种全新"褶皱"，一种饱含着日本折纸艺术情怀的新形式。1是1维度（一块布）、3是3维度（立体空间）、2是2维度（平面折叠）、空格是时间、5是5维度（未来），"132 5."系列采用的是一种可循环物料PET，这个系列的关键词在于再生、全新和创新。面料在二维平面中，以斜纹折出三维空间，使其具有一定的弹性，然后再折叠成规则的形状。"132 5."的系列设计就是在一块布上的设计，表面只有一条缝或者极少缝，再经过折叠而制成，其表现形式就类似折纸的形态。三宅一生把折叠起来再释放的空间理念，很好地运用到服装上，形成富于美感的几何空间（图3-2-1）。

在现代服装设计领域，由于不断受到不同民族文化的影响和冲击，设计师们扩大了对服装形态的设想空间，开始从结构的视角探索设计形式。通过东西方服装设计的比较，我们发现：传统的东方服装多为平面式，即以直线裁剪，衣、身、袖相连，尽量保证服装衣片的完整性，因而在表现形式上运用缠绕、折叠、开洞、披挂、包裹等手法，使服装形态力求整体、舒展。而西方服装则注重立体形态，以窄衣合体的造型为目的，重视结构的定型作用,强调服装稳定的外观造型。但二者在结构意识、形态要求以及工艺处理上却有着许多相同或相似之处,东西方服装文化也在相互交融,东方的折纸艺术对西方现代服装设计产生的影响极为深远。

随着中西方文化的交融,折纸艺术作为传统东方手工艺之一,以其神秘迷人的魅力成为近年各大时装周设计师们钟爱的设计元素。运用折纸技艺将面料折叠、局部翻叠、几何拼接等为现代服装带来了新廓型设计的动力。2007年迪奥品牌前任设计师约翰·加里亚诺以"蝴蝶夫人"为主题的春夏高级定制作品,夸张地运用了折纸装饰元素作为服装的点缀,成为视觉焦点(图3-2-2、图3-2-3)。

加里亚诺运用夸张的折纸手法塑造出立体几何造型,利用收褶、折叠等装饰手法,让原本平面、柔软的面料有了极强的雕塑感。高超的立体裁剪技术与面料的完美结合,呈现出绝美的视觉盛宴。设计师将折纸百合花作为主要的设计元素融入服装整体造型中,以细节装饰和色彩渐变的形式产生韵律美。将古老的东方折纸艺术融于现代服装设计中,展示出了优雅的形态美与独特的东方魅力。

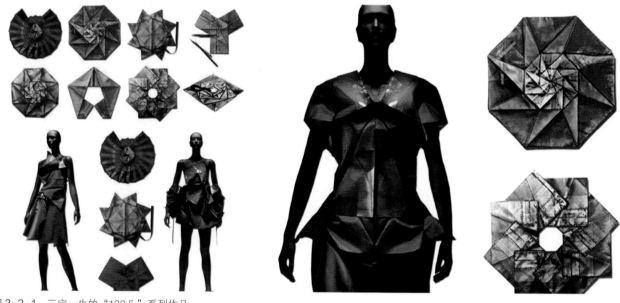

图3-2-1 三宅一生的"132 5."系列作品

图3-2-2 2007年迪奥"蝴蝶夫人"主题,春夏高定服装作品一　　图3-2-3 2007年迪奥"蝴蝶夫人"主题,春夏高定服装作品二　　图3-2-4 2009年香奈儿巴黎时装周作品

2009 年香奈儿的设计师卡尔·拉格菲尔德也以折纸艺术作为亮点，在巴黎时装周上演绎了一场高级时装的唯美与精致。服装整体造型温婉高雅，缀以折纸花配饰，塑造出摩登简洁的时代感（图 3-2-4）。英国女装品牌玛切萨设计师乔治娜·查普曼用折纸手法作为服装中重要的装饰性点缀。经过设计师折叠、层叠、翻转等工艺，折叠的布料顺着人体的曲线自由流动，优美舒畅、婉转自如，在清新自然中体现出女性的优雅。

英国服装设计师嘉勒斯·普（Gareth Pugh）的每一件时装都是一件艺术品。在 2009 年春夏高级成衣发布秀，嘉勒斯更加坚定了他的夸张、时尚的设计风格，这一系列作品有着强烈的几何风格，将折纸的设计元素运用到了面料设计里，使柔软的面料有了反常规的硬朗效果（图 3-2-5）。

当然，除了将纸材料和折纸工艺运用到服装的面料创意设计中，也有些设计师直接运用纸材料作为服装面料进行创作。例如，英国折纸艺术家佐伊·布拉德利（Zoe Bradley），在自己的艺术创作中将美妙的折纸融入服装设计，非常完美地诠释了服装艺术与纸艺术的精髓，合理地在成衣设计中运用折纸艺术，为作品最终的呈现提供了更多丰富多彩的可能性。看似规律的结构中又可以看到很多细节设计，多样的技法和精致的细节打破了常规，富于创意，又具有独特的装饰性（图 3-2-6）。

同样，折纸艺术也为设计师毛里西奥·贝拉斯克斯·波萨达（Mauricio Velasquez Posada）带来了创作灵感。在他的作品中，没有腰线的贴合，没有省道的收缩，有的只是建筑式的块面结构和鲜明硬朗的线条。设计师通过对布料的层叠、对折、抽、拉、翻等手法，完全打破了服装原有的结构模式，把人体包裹于建筑结构样式的服装中（图 3-2-7）。

二、纸雕工艺

纸雕，也叫纸浮雕。它的起源可以追溯到中国汉代纸的发明及 16 世纪德国对纸的改良成果。纸雕是一种以纸为素材，使用刀具塑型的工艺。18 世纪中叶，欧洲艺术家开启了纸雕艺术的大门，他们利用简单的工具及不同类型的纸张，创作出许多主题式的纸雕作品。纸雕结合了绘画和雕塑之美，它的制作要求熟练地运用切、剪、折、

图 3-2-5　嘉勒斯·普服装作品

卷、叠、粘等手法，随着纸材来源的普及和纸雕技术的演进，纸雕的创作形式越来越多样化。服装设计师也开始尝试用纸雕的手法制作创意服装作品。纽约时装周上，乌克兰艺术家阿霞·科齐纳（Asya Kozina）和她的纸质假发头饰一经亮相，顿时震惊四座。

阿霞·科齐纳这些精美的作品均采用纸雕手法，很像3D打印艺术。科齐纳将剪纸、折纸以及雕塑的技法相结合，采用极其细致精确的设计，才能完全符合模特的身形。作品每一处细节都流露出巧夺天工的高超技艺和唯美的装饰形态。科齐纳在完成设计的第一步后，通常会将这些图案剪掉。用不同的纸张来测试，以寻找到最好、最具有表现力的一种纸张来完成作品制作（图3-2-8～图3-2-11）。

图 3-2-6　佐伊·布拉德利作品

图 3-2-7　毛里西奥·贝拉斯克斯·波萨达作品

图 3-2-8　乌克兰设计师阿霞·科齐纳头饰作品一

图 3-2-9　乌克兰设计师阿霞·科齐纳头饰作品二

图 3-2-10　乌克兰设计师阿霞·科齐纳服装作品一

图 3-2-11　乌克兰设计师阿霞·科齐纳服装作品二

三、纸绳编织工艺

纸质服装的编织技术与其他线材的编织技法一致，只是材料为纸线或者纸绳。纸线的制作方法是先将纸裁成条，再将纸条向着一个方向搓揉成线，然后进行编织。纸线的色彩、粗细、质地，因裁剪的纸条原材料而有所不同。将不同颜色和质感的纸条搓揉，还会得到不同的混色效果。

中国艺术家王雷热衷于将卫生纸、报纸等纸张裁切后编织成具有极强概念性的服装，他的作品曾被多个艺术机构收藏。图 3-2-12 和图 3-2-13 为他用《辞海》的书页纸张搓成纸绳，再用编织技术制作的服装作品。

第三节 树脂、硅胶材料

随着时代的进步和科技的发展，服装材料的种类越来越多。不同的颜色、不同的属性、不同的质感，每一种材料都有着各自的特性。不同材料的应用也使得服装呈现出不同的特色和风格。树脂、硅胶类材料是"未来主义"风格的代表。这类材料在服装面料中的体现，对我们把握流行趋势，进行创意设计都有很大的启示意义，可以从材质、色彩、形状来分析，诠释服装设计中材料的特性。新型服装材料伴随着科技的发展应运而生，它代表着未来趋势，包括智能面料、保健面料等功能性面料和各种花式的装饰性材料，例如亚克力、PVC 等树脂类材料、硅胶材料、闪亮的尼龙丝、金属质感的光缎、金属片和亮片等。

图 3-2-12　王雷作品，文化中国·大清 No.2

图 3-2-13　王雷作品，文化中国·大清 No.2 局部

树脂分为天然树脂和合成树脂两大类。树脂受热会软化或熔融，燃烧时有浓烟，并有特殊气味。树脂软化时在外力作用下有流动倾向，常温下是固态、半固态，有时也可以是液态，液态树脂可在固化剂的作用下快速固化，是服装设计中常用的特殊材料。硅胶是近年来流行的新型服装材料。硅胶具有质感柔软、黏结力强、收缩率小、可操作时间长的特点。高透明度的硅胶光泽度好，轻薄光滑，可做出透明或者乳胶状不同质感的面料。滴胶又称为环氧树脂水晶滴胶，由高纯度环氧树脂、固化剂及其他材质组成。其固化产物具有耐水、耐化学腐蚀、硬度强、透明度高的特点。由于其易操作（将 a 胶 b 胶按比例调制好即可，利用水彩颜料对其染色，固化要求的温度不高）且呈现的效果丰富多变，因而是服装很好的装饰材料（图 3-3-1、图 3-3-2）。

滴胶材料实验

观察到盔甲的特点之一是甲片的规则排列。所以我用一种非常规的材料制作出有肌理感的方块，并规则排列在服装上作为盔甲元素的体现，同时也为服装增添一些细节。经过探索，正式用在服装上的会减小厚度并且打孔用线缝合。

图 3-3-1　滴胶材料试验　裴洋、刘秋宏作品

图 3-3-2　滴胶材料服装应用　裴洋、刘秋宏作品

图 3-3-3　杰里米·斯科特（Jeremy Scott）作品一

一、PVC 材料

1835 年美国的 V. 勒尼奥用日光照射氯乙烯，生成聚氯乙烯（poly vinyl chloride，简称 PVC）。1926 年，美国 B.F.Goodrich 公司的沃尔多·西蒙（Waldo Semon）和 B.F.Goodrich 公司开发出利用加入各种助剂塑化 PVC 的方法，使其成为柔软易加工的材料，并很快得到广泛的工业化应用。材质偏硬，透气性差，防水、防风、防霉是 PVC 材质最明显的特征。在纺织服装领域，PVC 却成了各服装品牌设计师争相采用的材料，香奈儿、博柏利（Burberry）、阿玛尼（Armani）等众多奢侈品牌相继推出 PVC 鞋、服、包等时尚单品。这些单品透明果冻质地、未来感十足，曾一度成为流行趋势，引领时尚潮流（图 3-3-3、图 3-3-4）。

PVC 材料是当今深受喜爱、颇为流行并且广泛应用的一种合成材料，其主要成分为聚氯乙烯。PVC 材料具有较高的硬度和力学性能，并随分子量的增大而提高，但随温度的升高而下降。PVC 的热稳定性差，140℃即开始分解，PVC 的熔融温度为 160℃，因此 PVC 难以用热塑方法加工。PVC 材质中的亲脂性基因较多，导致该材料的透气性较差。在 2016 年 Yeezy Season：坎耶·维斯特与阿迪达斯联名合作"椰子"鞋系列，气温达到 30℃，模特穿着高度到大腿的透明 PVC 长筒靴，因为过于闷热而晕倒。目前，PVC 被广泛应用于人造革、薄膜、电线护套等塑料软制品，以及供水管道、房屋墙板、电子产品包装、医疗器械、门窗等塑料硬制品。行李包是由 PVC 加工制作而成的传统产品，服装用 PVC 织物一般是吸附性织物，如雨披、婴儿裤、仿皮夹克等。

图 3-3-4　杰里米·斯科特作品二　　图 3-3-5　PVC 材质服装，香奈儿 2018 春夏

图 3-3-6 PVC 材质服饰，香奈儿 2018 春夏

图 3-3-7 约翰·加里亚诺作品

PVC 材料的防风、防水、防霉效果明显，即使长期处于潮湿的环境中，霉菌也只是贴在材料表面，而不会渗透到面料里面，轻抹即可除霉。较好的防水性使得 PVC 材料常被用于制作雨披和雨鞋。时尚设计师们颠覆了传统的应用理念，PVC 材料被运用到了各种时尚单品中。素有鬼才设计师之称的前爱马仕（Hermès）女装设计总监马丁·马吉拉，在秀场上鼓励现场观众用手机闪光灯观看走秀，其原因在于 PVC 特殊面料在闪光灯的作用下会展现出别样光彩，朴素平常的 PVC 材料在模特的身上大放异彩。香奈儿 2018 春夏新品发布会也推出了全透明的 PVC 外套，具有超越时空的前卫感（图 3-3-5、图 3-3-6）。透明 PVC 服装具有因折射而显胖的缺点，所以要想驾驭 PVC 服装并不轻松。此外值得注意的是，随着温度的变化，PVC 材质的硬度也会发生变化，即夏季柔软、冬季硬挺（图 3-3-7）。

PVC 外套要怎么穿？博柏利的新品交出了一份满分的答卷。依旧是经典的格纹、及膝的潇洒长度，PVC 的加入令咖啡色调和青灰色调变得富有光泽，每一个面都自带光感，经典的格纹不再走低调风格。即使全身暗色系的服装搭配，有了 PVC 材料的提亮作用，也前卫活泼了许多（图 3-3-8）。

因材质比较特殊出挑，PVC 深受时尚设计师们的青睐。从香奈儿到路易·威登，再到思琳（Céline），

图 3-3-8 博柏利秀场上的 PVC 材质服装

在秀场上，PVC透明包随处可见。2019路易·威登春夏秀中，彩虹色和透明PVC的结合，加上同色系的塑料锁链，高级又抢眼。PVC材质灵动轻盈，独有的防水性也让PVC包足够实用。PVC包的气场不在于包本身，而在于其透明性，包里装的东西可以让少女心机展露无遗。如果PVC透明包足够大，可再放进去一个小包，这种子母包搭配也非常吸引眼球。如果空间不大，可尽量挑选一些不影响美观的物品放进去，不要装太满，留点空间会更显轻松时尚（图3-3-9、图3-3-10）。

PVC材料应用方法：

运用科技手段对PVC材料进行二次设计，弥补其自身的服用缺陷，使其具有良好的可塑性、舒适性、透气性等。设计师熟悉材料性能，挖掘出材料内在美，并进一步产生自己的设计特点是非常关键的，所以在创作前有必要对所使用的材料进行相关测试。

① 3D打印技术。PVC材料可以进行3D打印，利用此技术可根据服装款式和造型设计立体化打印服装，实现小批量、个性化的定制。

② 激光镂空技术。激光镂空和剪纸艺术有着异曲同工之妙，根据设计需要，在材料上抠切出图案，既具有透气功能，又具有延展伸缩功能。

③ 导流气孔技术。借鉴浴室透气窗的原理，在面料上设计斜面弯曲穿透导流孔，并在内外两侧缝上小花朵，不但透气，而且无论风雨从哪个方向吹过来都不会进入衣服里面。

④ 涂层技术。将防护、绝缘、装饰等用途的材料，涂布于PVC面料，使其具有反光、防触电、压力感应变色等特种性能。

图3-3-9 思琳PVC包包

图3-3-10 路易·威登2019春夏秀，PVC包包

PVC 材料的细节表现方法：

运用各种工艺手段对 PVC 面料进行二次设计，既深入刻画了细节，又充分表现了 PVC 良好的再造性。

① 手绘工艺。在 PVC 面料上手绘，可以用丙烯颜料或纺织颜料直接绘制图案。

② 夹层绘画。单面手绘的颜色因穿着、日晒和雨淋会逐渐脱落或晕染开。为了避免此类情况，可在绘画表面盖一层 PVC 面料，通过热定型机或黏合机使上下两层紧密黏合在一起，让图案不直接与外部接触，既方便对面料的清洁，又能保持久用如新。

③ 夹封。原理同夹层绘画，先将设计所需要的夹封材料如色线、银丝、树叶等固定在单层 PVC 玻纤布面上，表面再覆盖一层 PVC 后，通过热定型机或黏合机，使上下两层紧密黏合。

④ 防水拉链制作。在口袋处绱防水拉链，水便无法流入口袋，使服装具有防水功能。

⑤ 雕花工艺。借用雕刻、烙烫的工艺手法，将设计好的图案、花纹烙刻在材料表面。

PVC 面料服装拥有广阔的市场前景，对于 PVC 面料在服装上的运用，需要打破人们对传统 PVC 服装的认知，使其兼具实用价值的同时更具审美价值。材料是服装造型设计的基础，可根据 PVC 的材料特性进行款式设计，并结合高新技术和多种工艺对 PVC 玻纤布进行二次设计。通过创新材料表达服装内在美，使 PVC 面料在视觉上和功能上都能和服装造型完美地结合，更好地表现此类服装的风格和突出设计主题。

二、亚克力材料

在应用中，亚克力原材料一般以颗粒、板材、管材等形式出现。用亚克力制作的产品具有颜色纯正、色彩艳丽丰富、美观平整、可塑性强、易加工、方便维护、易清洁、使用寿命长等特点，但其作为装饰材料应用在服装中还不是很广泛。

图 3-3-11　作者：王星月　材质：树脂、天然大漆

亚克力板在服装设计中可以作为局部装饰材料，来表达设计师的设计理念，使服装具有未来主义特色。相对于已经运用得非常成熟的PVC面料而言，虽然亚克力板具有相同的透光质感，但是在服装局部装饰运用的过程中，也显露出易断裂、不易固定的缺点，因此，还需要不断地尝试和创新，才能使其作为装饰材料更好地运用于服装设计中。在具体的应用中，亚克力板可以采用激光切割的方式做出一些基本形状，通过打孔穿连的方式组合成理想的形态（图3-3-11）。

图3-3-12为罗意威（Loewe）2016春夏秀场的服装作品，亚克力板可以随着人体曲线，塑造局部几何装饰形状，同时以黑色皮革为基底，这种坚硬与柔软材质的相互结合，能够更好地突出非服装材料的特色。亚克力板在这时充分发挥了它的可塑性强、造型变化大、金属光泽的特性，设计师通过这种高科技质感的材料来营造服装的先锋气质和未来主义风格。

图 3-3-12　罗意威 2016 春夏作品

三、硅胶材料

硅胶别名硅酸凝胶，是一种高活性吸附材料，属非晶态物质。硅胶的主要成分是二氧化硅，化学性质稳定，不燃烧。硅胶具有弹性强、韧性好、柔软等特性，易脱模，适合复制，成型固化后呈半透明状或白色不透明状，制作模具工艺简单、细节精确，且较耐用。

柔软有弹性的硅胶材料也被设计师用到了服装设计中。新锐设计师李筱曾凭借硅胶与针织创意结合的系列作品，夺下2013年度ITS（International Talent Support）创意大赛的Diesel大奖。李筱为了更好地传达面料的表现力，费时数月研发3D针织技法，与新材料结合，做出了有创新性并且简洁实穿的针织时装。她在材质方面选择了硅胶、塑胶材料，特殊材料与针织工艺的相互融合产生了有趣的碰撞，堆积构建出建筑般的廓型结构，把服装做出了软雕塑的效果。图3-3-13至图3-3-14为李筱的设计手稿和作品。

图 3-3-13　李筱服装作品一　　　　　　　　　　图 3-3-14　李筱服装作品二

伦敦艺术家唐·塞巴斯蒂安(Dom Sebastian)毕业于圣马丁艺术学院的纺织品设计专业，其系列作品"Gel Futures"以硅胶、热塑性塑料、聚氨酯产品为主要材料，并通过摄影与图像相结合的方式来探索纺织品的图案设计（图3-3-15）。

以服装的可穿戴性为首位，唐也一直致力于人体工程学的深入研究，其早期设计通过某种艺术形式转化成可穿戴的服装作品来探寻艺术、时装与人体的契合点。人体工程学和未来时尚环保的理念，是驱动"Gel Futures"项目的主题动力之一。根据研究每种材料性能在所需环境下的特点，将硅胶、热塑性塑料、聚氨酯三种材料建立在一个统一的"体系"中。根据热塑性塑料在一定温度下具有可塑性、冷却固化后仍然能重复此过程的特点，制作过程中使用它作为面料基底。聚氨酯在工业生产中广泛用于海绵制品，根据其特性，唐将其作为装置内部的符合人体工程学的缓冲材料。硅胶则作为延伸于热塑性塑料基底上面的凝胶造型材料（图3-3-16、图3-3-17）。

图3-3-15　唐·塞巴斯蒂安作品一

 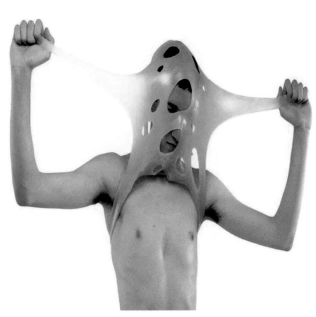

图3-3-16　唐·塞巴斯蒂安作品二　　　　　　　　　　　图3-3-17　唐·塞巴斯蒂安作品三

第四节 天然材料

所谓天然材料，是指自然界中的动物、植物和矿物质等，只经物理处理或未经处理的材料。人类在远古时期，就将兽皮和树叶直接包裹在身体上，起到御寒和保护的作用。同时，用动物的牙齿、骨头、石头等做成串饰，挂在颈上或腰间，起到装饰及避邪的作用。可以说，人类第一块面料的产生就来源于动物或者植物，自然界的各种生物给予了人类源源不断的灵感启示。当下，人类面对可用的再生资源越来越匮乏的现状，提倡"回归自然"的设计师们充分发挥自身的想象力，利用自然元素如竹、麻绳、木、贝壳、藤蔓、羽毛等天然材料进行服装艺术创作。大自然的一切是设计师探索不尽的宝藏，植物的形态、水的波浪、海浪的澎湃、岩石的肌理、沙的质感等，师法自然是艺术创作永恒的规律。

一、草木材料

天然草木材料可以直接或经改造后运用到服装设计中。草本植物有片状和管状：片状材料易折易断，如干花瓣、干叶片，可以封存在树脂材料或 PVC 材料中使用；管状材料长、有韧性、可拉抻，也可以用来编织草编面料。竹本材料是纤维韧性较强的材料之一，它的特点是干湿状态下都不易变形，耐磨，柔软度高，可以扭曲弯折。木本材料指树木类，它的外皮和内里都可利用。木本材料需要经过晾晒才不容易变形。每种木材的软硬度、纹理、色泽不同，在制作服装作品时应根据设计需要进行选择。木材运用在服装面料中多以薄片状、条状的形式来呈现，通过激光切割、打孔穿连或拼贴等工艺方法进行制作（图 3-4-1）。藤草类材料则通常结合编织工艺应用到服装设计中，尤其在箱包设计中较为常见（图 3-4-2）。

图 3-4-1　亚历山大·麦昆 1999 春夏作品　　　　　图 3-4-2　爱马仕 2011 春夏手袋

图 3-4-3 、图 3-4-4 展示的这组服装作品也是以木质材料为主要元素的，运用木质的模型条材料搭建大小不一的框架，将其拼接组合，最终形成一个形似箱子架空人体之外的三维立体框架组合，能与人体的正面、背面、左侧和右侧相吻合，作品整体看上去更像是具有一定穿着性的装置艺术。通过不同框架的组合打破服装常规贴合人体的状态，构建出服装的另一个维度。模型条作为硬性材料，可以支撑起服装的立体结构，并与软性的纤维面料形成质感的对比。

二、贝类材料

贝类材料包括贝类动物的壳或者珍珠等。贝类材料本身具有独特的肌理和光泽感，可以通过拼接、切割、整合、串联等工艺方法，将其运用到服装设计中。图 3-4-5、图 3-4-6 展示的衣服就是由贝壳制成的，设计师亚历山大·麦昆认为贝壳的生命在其被冲到沙滩上的时候就结束了，然而一旦它们被制成服装，其生命就好像复苏了，又变得有价值起来，这就是时尚的魅力。

图 3-4-3 木质模型条元素服装一 范晓琳作品

图 3-4-4 木质模型条元素服装二 范晓琳作品

图 3-4-5 亚历山大·麦昆贝类材料服装作品及其局部

图 3-4-6 亚历山大·麦昆贝类材料服装作品

三、动物皮毛

（一）皮革

皮革材料有着纹理的自然美和材质的时尚美，同时和人体肌肤还有着天然的亲和性。通过简单的裁切，皮革很容易加工成各种造型，立体压花、镂空雕花、电脑绣花等加工技术增添了皮革材料的装饰性。另外，通过皮绳缠绕、编结，还可变换出更多的形式。将皮革与金属配件结合，添加铆钉、金属链等元素，也是常用的装饰手法。设计师在探索技法的同时形成了独特的个人风格，通常会将一种或多种工艺技法综合运用并发展到极致。其中面料再造的方式可以大致分为以下几种：

①加法：通过染色、印花、拼接、叠加、填充、刺绣及其他手缝技法，制造视觉效果；②减法：包括镂空、雕刻、磨洗、打孔等；③其他：通过褶皱、编织、揉搓定型等形式，塑造形态或制作肌理效果（图3-4-7～图3-4-12）。

图 3-4-7　洪景恩（Kyoung eun Hong）服装作品（叠加）

图 3-4-8　尤娜·伯克（Úna Burke）服装作品（拼接）

图 3-4-9　不三不四（Three as Four）（美国品牌）服装作品（雕刻）

图 3-4-10　贾尔斯（Giles）服装作品（镂空）

图 3-4-11 奥图扎拉（Altuzarra）服装作品（编织）

图 3-4-12　萨拉·瑞安（Sarah Ryan）服装作品（编织）

（二）羽毛、头发

羽毛类材料包括动物的羽毛或仿羽毛制品，常以拼贴或叠加堆积的手法运用于服装设计中（图 3-4-15）。英国艺术家劳伦·鲍克曾将无数根羽毛浸泡于墨水中，并创造出一种有趣的服装款式，她将其称为 PHNX（图 3-4-13）。这件羽毛衣会随着因穿戴者走动而产生的周围环境变化如光、热甚至摩擦而发生变化。鲍克认为羽毛象征着新生——某种新事物的诞生。设计师亚历山大·麦昆 1992 年的作品"Jack the Ripper Stalks His Victims"使用了头发作为材料，在大衣外套的布料夹层中镶入人的头发。2011 年纽约大都会艺术博物馆举办了一场亚历山大·麦昆作品纪念艺术回顾展。此次展览的主题为"野性之美 (Savage Beauty)"，展出百余件麦昆生前的作品，每一件作品的华丽和异彩都让观者感叹。当年 Vogue 杂志美国版 5 月号也为迎接这次展览拍摄了一组大片，可谓视觉饕餮盛宴。细细品味，麦昆的作品在材料运用上总是有出其不意的惊艳效果，非常值得学习和借鉴（图 3-4-14）。

（三）羊毛毡

羊毛毡作为最早的纺织产品之一，是古老的织物形式，至今仍有广泛应用。它采用羊毛加工黏合而成，具有良好的保湿性和保暖性，且弹性、伸缩性较好。在面料的制作过程中，可利用其毡化的特性，通过外力的挤压、揉搓，创造出立体的造型。羊毛毡在服装创意面料中的应用方式主要包括针毡法和湿毡法。

图 3-4-13　劳伦·鲍克作品

图 3-4-14　亚历山大·麦昆"野性之美"展览作品

图 3-4-15　香奈儿 2015 高定服装

1. 针毡法

针毡法是利用带有倒刺的特制刺针，通过反复戳刺羊毛，使羊毛上的鳞片相互摩擦、挤压、缠绕，达到羊毛毡化的效果。现如今，针毡法已广泛应用于羊毛毡个性手工中，由其制作的产品具有紧实、细腻的特点，但也因为工艺耗时长，同时存在制作尺寸上的限制，因此，在服装设计中往往应用在局部或者装饰性设计上（图 3-4-16、图 3-4-17）。

2. 湿毡法

湿毡的基本原理是用热水浸湿羊毛，使羊毛表面覆盖的鳞片张开、竖起，进而通过外力的挤压、摩擦、揉搓，使鳞片相互缠绕并且紧密收缩，最后以烘干的方式达到羊毛毡化的效果。湿毡法可以制作大面积的毛毡面料，因此在服装创意设计中，可用其进行大面积设计，使表面平整紧实（图 3-4-18）。此外，湿毡法更容易产生渐变或起伏的面料肌理效果，因此设计出的面料更具有艺术性和多样性。但其毡化过程中也存在缺点，如毡缩可能导致作品边缘变形等。

图 3-4-16　毛毡材料肌理表现效果一

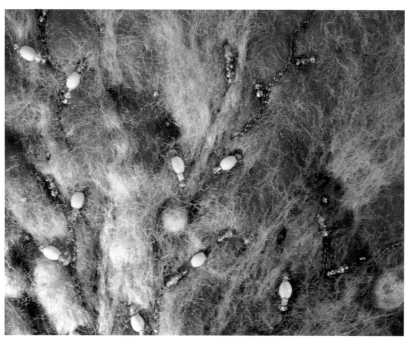

图 3-4-17　毛毡材料肌理表现效果二

图 3-4-18　羊毛毡材料服饰效果

第五节 现成品材料

　　生活中的很多现成品也可以作为服装材料使用，现成品服装也是现成品艺术的一种表现形式。艺术家将生活中常见的物品直接或简单加工后制作出自己的艺术作品，这种物品原来的属性和意义被艺术家的个人情感和所赋予其的新意义所取代，这种艺术形式被称为现成品艺术。

　　艺术家在材料的选择和利用上强调的是材料本身背后的意义，现成品被大规模地用于艺术创作中。艺术家探索艺术与生活的联系，他们选取一些看似平淡的生活物品，通过对物品的选择来投射自己的观念。日常物品的功能属性更易于拉近与受众的距离，更易产生经验上的参与感。这些鲜活的实物就来自我们的身边，是我们生活最好的物证。艺术家对物品的改造和提炼，将自己的情感赋予其中，以此表达自己的观念，因此，这些物品已经脱离生活情境，成为带有隐喻性的物品。艺术作品的意图对于接受者来说是间接的，现成品的隐喻性提供作品多种解读的可能，也导致了创作与解读的分离。艺术家新的创作方式建构了新的解读意义的系统，形成解读的更多可能性（图 3-5-1、图 3-5-2）。

图 3-5-1　现成品创意面料小样一　　　　　　　　　　　　　图 3-5-2　现成品创意面料小样二

图 3-5-3　拉链礼服之一　作者：李肖宁　　图 3-5-4　拉链礼服之一（局部）　作者：李肖宁

同样，现成品也受到前卫的服装设计师们喜爱，他们不断挖掘现成品在服装材料中的表达方式，除了观念的阐释，现成品应用到服装设计中也有着夺人眼球、出其不意的视觉张力（图 3-5-3～图 3-5-6）。时装艺术创作不同于服装成衣产品设计，它带有很强的时效性和启发性，是凝固了时间与空间的如同观念艺术一般的艺术创作。在艺术实践中尝试使用各类媒介和多样化手段，可以让时装的美学特征和艺术观念呈现出更为鲜明的指向性和当代性（图 3-5-7～图 3-5-9）。艺术发展到后现代主义时期，区别于古典主义的模仿自然，同样也区别于现代主义对形式演变的探求，后现代艺术寻求对形象的挖掘和拓展，以探讨形象背后的精神内涵。

图 3-5-5　拉链礼服之二　作者：李肖宁　　　　图 3-5-6　拉链礼服之二（局部）　作者：李肖宁

图 3-5-7　约翰·加里亚诺气球服装作品　　　图 3-5-8　嘉勒斯·普塑料吸管服装之一　图 3-5-9　嘉勒斯·普塑料吸管服装之二

第六节 3D 打印材料

3D 打印是以数字化模型作为基础的一种快速成型技术，可将一些具有黏合性的材料通过平面打印的方式堆积出三维物体效果，从而增加了一个空间维度。

一、3D 打印技术

（一）3D 打印的基本原理

3D 打印运用到服装设计中，使服装的设计构思与最终效果达到一致。其各环节通过数控完成且数据共享，任何形状及结构都通过每一层逐渐变化的截面与前一层自动连接制造三维形态。目前，3D 打印技术类型主要分为挤压、线状、粒状、粉末层喷头、压层、光聚合六种，其中：挤压技术通过对有热塑性的塑料、可食用材料等进行逐层挤压打印；线状技术一般任何合金都可以为其所用；粒状技术则主要采用金属、陶瓷等粉末进行打印；粉末层喷头技术即石膏 3D 打印，其打印材料仅限石膏；层压技术的打印材料包括纸、金属膜、塑料薄膜等；光聚合技术的打印材料则为光硬化树脂，其通过对光的控制逐层硬化液态材料，使其粘贴成型。

通过 3D 打印技术实现的产品，需对其产品结构进行三维建模，再用分层技术将其模型切片，每片路径的数据经扫描后能精确控制各种类型的 3D 打印机的工作方式，但都以逐层打印后进行黏合的基本原理运作。目前世界上最先进的 3D 打印技术为 CLIP(continuous liquid Interface production) 技术，即持续性液体界面生产技术。该技术采用高分子化学中光能让液体转化为固体，来控制完成 3D 打印的连续成型。

（二）3D 打印的应用领域

3D 打印改变了传统的制造方式，使人类的生产方式发生了根本性的变革。首先，其可打印任何复杂、微小、高精度的零件，在工业领域和航空航天领域最先得到重视，制作一些人工难以完成的部件。其次，可应用在医疗领域，具体又分为医疗器械、器官、药物三个方面：3D 打印的医疗器械能无误差地实现符合人体工学的设计，因其打印一次成型，避免了传统制造方法在制造过程中无法完成的角度和衔接误差；可针对人体肢体受伤情况进行 3D 扫描，再契合伤口打印出仿真程度极高的替代肢体；3D 打印药物不仅能精确控制药物成分且时效性高。此外，3D 打印还可以应用在汽车和建筑等大型制造领域，其快速性和节省人力资源的特点能充分体现出来。虽然服装领域是较晚与 3D 打印合作的，但其发展速度较快，人们在追求个性化的同时，要求服装具有新颖性、便捷性、环保性等，这些都能由 3D 打印服装实现（图 3-6-1、图 3-6-2）。

（三）3D 打印服装技术

2010 年，在服装领域首次尝试 3D 打印的荷兰时装设计师艾里斯·范·荷本 (Iris van Herpen) 是 3D 打印服装的先导性人物，其作品展示了 3D 打印的造型能力，可以清楚地看出这是传统工艺无法完成的程度且精度极高，实现了以前设计师只能想象而无法制作的立体感极强的服装。虽然 3D 服装可以达到具有立体建筑结构感的立体主义设计效果，但产品质地较硬，基本实现不了穿脱，只能作为展示性产品。在展示之前还需要在模特身上组装，拆卸后再还原成零件状态。在 2016 年的时装周上，艾里斯·范荷本的 3D 打印服装以柔软的质感展现，在贴合人体曲线的同时展现了 3D 打印的立体效果，实现了观赏价值与实用价值的高度统一（图 3-6-3、图 3-6-6）。经过六年的发展，3D 打印服装从无法穿脱的硬质面料改进到可穿着的柔软面料。3D 打印的机器、方式、材料都发生了变化，现在 3D 打印技术完全可以满足大众的服用需求。国内的 3D 打印行业相对起步略晚，目前较领先的是龙尼科技打印的 3D 服装，其所用机器可打印硬质与软质两种材料。

图 3-6-1　弗朗西斯·比托蒂作品一

图 3-6-2　弗朗西斯·比托蒂作品二

图 3-6-3　艾里斯·范·荷本作品一

图 3-6-4　艾里斯·范·荷本作品局部

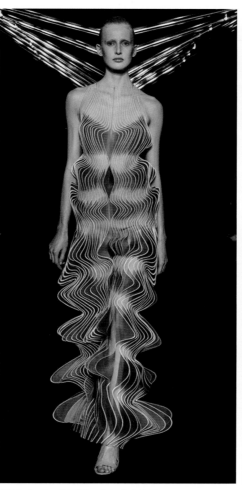

图 3-6-5　艾里斯·范·荷本作品二

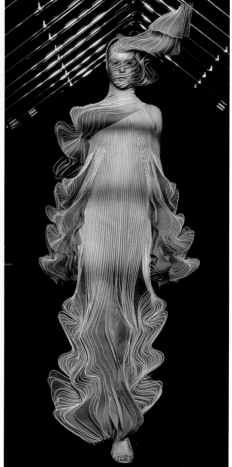

图 3-6-6　艾里斯·范·荷本作品三

目前，服装面料 3D 打印工艺以 FDM、SLS、SLA 三种为主。FDM 是将塑胶材料加热融化后通过机器挤压到既定位置凝固成型；SLS 是将粉末状材料加热后通过高效激光进行烧结打印，使物体成型；SLA 是使用紫外光线对液态材料表面进行扫描，每一次扫描都会形成一层极薄的切片来堆积物体。每种工艺使用材料不同，各有利弊，一般用 FDM 方式打印的材料以 PLA 与 ABS 两种为主；采用 SLS 方式打印的材料以塑料粉末为主；采用 SLA 方式打印的材料以未来 8000 树脂为主；一般 Fila Flex 材料运用在 CLIP 技术中。3D 打印服装容易受其技术与材料的限制，视觉效果与服用舒适度难以有效统一，但合理利用以上材料及打印工艺并结合传统面料，便可使服装产品在具有良好穿着感的同时具有传统工艺难以企及的精微结构。

各种 3D 打印材料的性能分析表

材料	打印温度（℃）	优点	缺点
PLA	195～210	不易变形 立体感强 完成度高	无柔韧性 质感僵直
ABS	230～250	不易变形 立体感强	无柔韧性 质感僵直 不宜家用
Fila Flex(TPE)	220～230	高柔韧性 质感柔软 不易变形	造价昂贵 接受度低
未来 8000 树脂	210～230	立体感强 时效性好 完成度高	质感僵直 产品易碎
塑料粉末	180～195	利用率高 无须支构	结构疏松 粗糙多孔 有毒粉尘

二、3D 打印在服装设计中的应用

（一）应用方法步骤

第一步，进行图纸绘制，对服装产品的廓型、尺寸、弧度等要素及数据进行设计。

第二步，在三维软件中构建立体模型。需在模型设计的过程中完成以下三个方面：考量服装产品支撑力、把握产品最佳厚度、预估产品最终效果。产品支撑力是产品能否成型的关键；把握产品最佳厚度的目的是在服装达到最佳产品效果的同时达到可打印程度；预估产品效果能对三维图纸的设计起到指导作用。

第三步，将服装产品进行打印。不同产品对打印的机器与材料要求各不相同，为达到最佳打印效果，需产品、机器、材料三者统一。

第四步，对服装产品进行后期处理，以弥补打印过程中出现的不足，并建立三维图纸与实际产品的对照资料库，为后续建模设计提供可靠依据，同时为制造出最大限度贴合设计的产品打下基础。

为实践上述 3D 打印服装并确定最优方案，具体操作如下：

1. 确定器材

3D 服装部件打印材料、机器分别为未来 8000 树脂、3D 激光固化打印机。该材料呈液体，聚合固化条件为 355nm 波长的紫外光，打印精度可达 100μm。该材料的优点是成本较低，精度高，时效性和装配性好，产品表面光滑，且打印产品可通过丝印、电镀、喷漆等手段进行后期处理。该材料热变形温度为 46℃，抗拉伸强度为 47MPa，弯曲强度为 67MPa，吸水率为 0.4%。该机器为目前打印产品尺寸最大的高精度 3D 打印设备，一般由 4 台或以上的激光器同时扫描以完成复杂零件的高精度切割成型。

2. 打印零件

3D 打印服装部件成型过程分为三步。第一步，对其结构进行三维建模，在 3Dmax 软件中对服装部件进行建模。第二步，用分层技术将其切片，每片路径的数据经扫描后能精确控制激光器和升降台的工作方式。当激光器紫外光达到固化条件时，通过计算机数控照射液态未来 8000 树脂表面，便能固化一层切片，然后升降台会下降到第二层的切片位置，依次固化，形成每层切片并与上一层黏合，待产品全部打印完成时再从液体中整体拉出。第三步为后期整理，将产品用砂纸进行打磨，使产品各立面更光滑且光泽度更高。

3. 制作服装

3D 打印服装部件质地较硬，需与传统面料结合才能设计出既能给大众带来未来科技感又具备穿着舒适度的创新服装。服装选用的面料特性和花纹能与 3D 打印材质和纹样相协调。3D 打印部件与传统面料完美融合的同时，突出了立体造型，用科技的方式实现了传统面料的创新表达。

（二）应用发展前景

发展 3D 打印服装的主要限制在于成本，其高昂的成本让 3D 打印服装难以顺利进入市场，虽然 3D 打印已经可以完成任何质感、任何大小的服装，但居高不下的价格是其进入大众生活的主要阻碍。而且，3D 打印服装的设计师与建模师很难对一件产品达成共识，这要求完成 3D 打印服装的设计人员熟知 CAD、3Dmax 等相关三维软件的操作。3D 服装的设计对设计者有软件专业技术上的要求，而现有设计师无法直接过渡到 3D 服装的设计，其实现的时间差是如今 3D 打印服装的又一局限。3D 打印机器是可以实现家用的，用户可根据自己的设计完成产品，但一般用户无法实现自主建模，因此也无法实现满足大众使用的目的，导致推广困难。最后，3D 打印服装不同于传统的服装制作，3D 打印中的 3D 扫描技术可复制任何复杂和高精度的产品并打印，同样可无误差地扫描已经打印出来的服装成品并打印，这让服装设计版权容易受到侵害，服装设计师的劳动价值、产品专利和版权很难受到保护。

当社会基础硬件设施和软件条件发展到一定程度时，投资和生产 3D 服装的社会力量会增加，便可支撑 3D 服装产业链循环，成本自然会随着基础费用的均摊者增加而降低。加之技术的成熟和新的材料的发现都是降低 3D 打印服装成本的有效手段。3D 虚拟试衣技术越来越人性化。一种虚拟试衣技术可实现 3D 打印服装的网络定制模式并进行销售，其由香港理工大学研发。这种虚拟机器人模型改变了服装行业的试衣面貌，其系统解决了传统试衣系统依赖固定尺寸模特、占用大量工作空间的问题。这种智能机器人模型可通过计算机控制出任何数据参数的人体类型，人体测量和机电一体化的虚拟试衣模式节省了 3D 服装设计过程中的时间与人力消耗，降低了其建模的技术难度。最后，3D 服装产品版权将受到保护，先进的科技成果必然会引起一系列新的社会问题，针对这些问题，对 3D 打印机的使用进行限制十分必要：每台打印机会像房产一样，有产权人对这台机器负责，对其实行监管，不能用于生产危害社会的产品。对于没有购买使用权的 3D 服装产品，机器程序将无法进行识别、扫描及生产。

（三）应用效果案例

3D 打印技术在服装中的应用层出不穷，给人以惊艳的视觉效果。3D 打印服装较初期而言，在打印外观、成型速度、成本价格、服装硬度、使用实用性上已大大改善，且大众获取科技信息的途径、速度及频率越来越多元化及快速化。这使得愿意选择更具个性与科技环保的 3D 打印服装的人逐年增加。随着 3D 打印机器的改善发展、更环保及廉价的新材料出现，3D 打印服装进入普通人的日常生活指日可待。设计人员在把握 3D 打印技术的同时熟知建模软件的应用，便可以运用 3D 打印技术在服装设计中实现不断创新，创造出传统服装无法实现的精细结构和新的使用功能。

1. 模拟人类皮肤特殊反应的面料

受加州大学伯克利分校的研究报告启发，一个名叫 Sensoree 的团队制作了一件名为 AWElectric 的 3D 打印外套服装面料。这种面料的独特之处在于，它的表面能够自动起伏，模拟人类皮肤的一种特殊反应，也就是我们俗称的"鸡皮疙瘩"（图 3-6-7、图 3-6-8）。设计者在研究中发现，寒冷的微风、亲密接触、恐惧，或者某种情感，都能够引起鸡皮疙瘩，这种面料设计就是为了探索恐惧和好奇之间的情感联系。为了达到材料的可重复性，将常见的 PLA 塑料盒电力网布以适合的方式黏结在一起，采用一台开源的 RepRap3D 打印机和一台 MakerBot Replicator 3D 打印机制造出六边形，然后再将其连接在一个不断扩大的网眼布上，以代表所谓的"鸡皮疙瘩"的夸张版本。该设计团队还在这件衣服里植入了一系列生物传感器，以便读取使用者的肌肤电反应、呼吸和心率的变化，然后判断使用者是否处于惊奇或者恐惧状态中，从而触发这种 3D 打印的"鸡皮疙瘩"膨胀。尽管看起来有点古怪，但这无疑是一种对穿戴科技的有益尝试。

2.TPU 材质的柔性 3D 打印线材面料

玻利瓦尔主教大学 (University Pontificia Bolivariana) 的时装设计研究生韦罗妮卡·贝坦库尔·费尔南德斯（Veronica Betancur Fernández）用一台 MakerBot2X 3D 打印机完成了毕业设计项目。贝坦库尔分别尝试了 ABS、PLA 和 TPU 等材料。她认为 ABS 强度很高、很耐用，而且很容易热成型；PLA 则是一种可生物降解的聚酯材料。最后，贝坦库尔选择了 FilaFlex：一种 TPU 材质的柔性 3D 打印线材。贝坦库尔使用 Rhino 软件在一个人体数字化模型的表面设计了图 3-6-9、图 3-6-10 展示的这件 3D 打印服装，并选择脑珊瑚的花纹作为这件服装的表面图案。

3. 弹力硅胶 3D 打印面料

英国诺丁汉特伦特大学 (Nottingham Trent University) 时装专业的学生杰丝·霍顿（Jess Haughton）设计了一系列 3D 打印内衣，它们不仅外观优雅，而且能与使用者完美契合。霍顿在打造自己独特的作品时使用的主要是 3D 打印技术和弹性硅胶材料。硅胶是一种比松紧带更有弹性的材料，这给了霍顿更大的设计自由，他最终制作出更加耐用、光滑及完美匹配的服饰。弹力硅胶真正改变了内衣的制造方式，让内衣既强韧又柔软、结实耐用且手感很好，而且 3D 打印的方式可以创建出比传统方式更加复杂的图案。将硅胶花卉图案直接打印到纯滤网的创新方法也是一种全新的、更现代的蕾丝制作方式（图 3-6-11）。

4.3D 打印"蕾丝"连衣裙

如今在各大国际时装周上，我们已经可以看到 3D 打印的身影。2013/2014 高级女装秋冬时装秀场上，荷兰 80 后设计师艾里斯·范·荷本展现了一组运用 3D 打印和激光切割等高新技术设计制作的作品。图 3-6-12 展示的这条黑色短裙独特复杂的蕾丝状纹理采用 Mammoth 立体技术光固化技术制作而成，3D 打印与新材料、计算机的结合，给服装带来了新的视觉震撼，也给时装界带来了无缝成衣的可能。

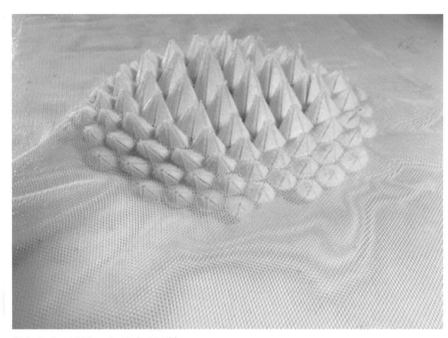

图 3-6-7　AWElectric 3D 打印外套　　　　图 3-6-8　AWElectric 3D 打印面料

图 3-6-9　韦罗妮卡·贝坦库　　图 3-6-10　韦罗妮卡·贝坦库　　图 3-6-11　杰丝·霍顿的硅胶内衣作品
尔·费尔南德斯作品　　　　　尔·费尔南德斯作品局部

图 3-6-12　艾里斯·范·荷本的作品　　　　　　　　　　图 3-6-13　保利娜·范·东恩的 3D 打印袖套

5.3D 打印会呼吸的时装

荷兰服装设计师保利娜·范·东恩（Pauline van Dongen）在 3D 打印技术上做出了新尝试，研究如何让 3D 打印的服装变得贴身，并在人移动时做出响应。她在一次时装设计大会上详细阐述了自己在 3D 打印时尚用品方面的试验，并表示距离 3D 打印的服装上市还有很多事情要做。不过她希望，自己的试验能激发其他设计师去探索。范·东恩第一次尝试用 3D 打印技术制作的时尚作品比较简单：一个袖套。但她不想要一个只起遮盖作用的袖套，于是她将袖套设计成可伸缩形态。范·东恩用一台 Objet Connex 多材料打印机打印了这一袖套。袖套由具有弹性像橡胶一样的材料和结实的塑料构成（图 3-6-13）。

范·东恩的第二个 3D 打印项目 Ruff 是与建筑师贝拉兹·法拉希（Behnaz Farahi）合作的。他们想要用 3D 打印技术来创造一个围绕身体移动的动态的、灵活的形体。不过，用于 3D 打印的材料通常很僵硬，很容易破裂。为了解决这一问题，范·东恩和法拉希尝试了打印多个弹簧一样的塑料形体，这些结构要更耐用、更柔韧（图 3-6-14）。范·东恩和法拉希通过与 3D Systems 公司位于洛杉矶的工作室合作，制作了这件"响应式可穿戴服装"。服装的弹簧式结构缠绕在身体之上，给人一种深海珊瑚在海中移动的美感。为了让这件衣服动起来，范·东恩在服装中装上了用镍钛合金制作的弹簧。镍钛合金具备形状记忆的特性。在某一温度下镍钛合金会变形，当具备温度条件时又会恢复原状。通过装上镍钛合金弹簧以及小电线，范·东恩可以通过调节温度，让弹簧扩张或收缩。这一效果就像有一个"在呼吸的有机体"附着在穿戴者身上（图 3-6-15）。

6.3D 打印激光烧结尼龙布材料

2014 年设计师弗朗西斯·比托蒂为艳舞舞者迪塔·文·蒂斯（Dita von Teese）用 3D 技术打印了一套无缝礼服。之后，苏格兰时装品牌普林格 (Pringle of Scotland) 便开始将激光烧结的尼龙布成品用于 2014 年秋冬伦敦时装周产品展示，这种材料经 3D 打印出来后，看起来很像传统的衣服面料。品牌联合材料专家理查德·贝克特（Richard Beckett）采用灵活的材料组装 3D 打印系统，甚至能够创造尼龙小零件，普林格被认为是第一个使用这种技术的时装品牌（图 3-6-16）。

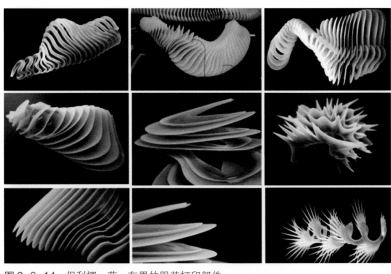

图 3-6-14　保利娜·范·东恩的服装打印部件

图 3-6-15　保利娜·范·东恩的打印服装作品

图 3-6-16　3D 打印激光烧结尼龙布材料

第四章

让材料动起来——案例分析

随着人们对着装审美意识的更新变化，服装材料也不断推陈出新，不断激发着服装设计师们利用各种材料来寻找创作艺术灵感，以表达服装的多维视觉审美效果。不管是从服装的艺术创作还是从实用角度来看，材料都是服装设计、艺术表现的重要形态构成要素。

笔者带领一些非服装专业的学生们做了一个有趣的课题，叫作"让材料动起来"，就是让学生们打开脑洞，去寻找除了服用面料之外的其他材料来做一件服装，并且一起做一台服装秀，让材料动起来。由于这些学生没有受过专业的服装设计训练，所以他们往往从寻找一种有意思的材料出发，再想办法把材料变成服装。这和我们服装专业的学生正好是反过来的思维模式，不是先画好稿子，再去寻找可以表达自己设计想法的面料，而是去发现一种可以创造服装的材料。有的时候，跨界的参与往往会给我们带来不一样的灵感启发。

第一节 寻找灵感

课程从材料切入，让学生抛开服装的概念，去寻找有意思的材料。材料的选择不受任何限制，可以从身边常用的物品切入，也可以去大自然中寻找。可以去小商品市场、农产品市场、五金市场、建材市场，甚至工业垃圾的收购站，从与服装毫无关联的领域寻找有意思的材料。去寻找材料的过程就是一个发现美的过程。比如：有的学生看见五金市场上轻薄的过滤用的金属网，有金属光泽却很软，而且具有面料不具备的易定型性，在灯光下半透明且闪烁着光泽，很美；有的学生发现小商品市场上批发的橡胶手套五颜六色地叠摞在一起，很有秩序美感；有的学生发现农产品市场的干玉米叶可以用来编织，有着原生态的质朴美；有的学生发现拾垃圾的老伯伯把捡来的矿泉水瓶子用绳子系到一起背着走路，整个人被瓶子半包围着很有意思，废弃的瓶子也有它独特的美。只要用心去发现，任何材料都有其独一无二的美。

让学生去寻找灵感，去拍摄生活中有意思的画面或记录美好的瞬间，去生活中发现材料并收集材料小样，为接下来的创意材料开发设计做好准备。寻找灵感可以从以下几个方面着手：

一、师法自然

大自然是美的源泉，大自然中的万物都有着各自不同的形态美和纹理特征。比如蝶翼、贝壳、鸟羽等，这些都存在着肌理美，利用相应质地的材料进行肌理仿生设计，就可以创造出自然、丰富、生动的材料语言，从而产生理想的艺术效果。自然界的动物、植物，社会中的生活用品、建筑物及食物等，都是服装造型设计借鉴的对象。模仿自然界来获取服装材料创造性应用的灵感，可以给设计带来无限的创意，从而使得服装设计表现出更多新鲜生动的意境和情趣。自然界中生物的表面肌理多运用在服装的面料再造设计中，比如将花瓣的造型语言转化为面料的肌理形态，并运用在创意服装制作中（图4-1-1），从大自然中寻求灵感，再选择相应的材料去表现。图4-1-2为艾里斯·范·荷本的服装作品，作品以3D打印的方式，用透明树脂来表现水喷溅瞬间的形态美。

图4-1-1　日本设计师立野浩二作品

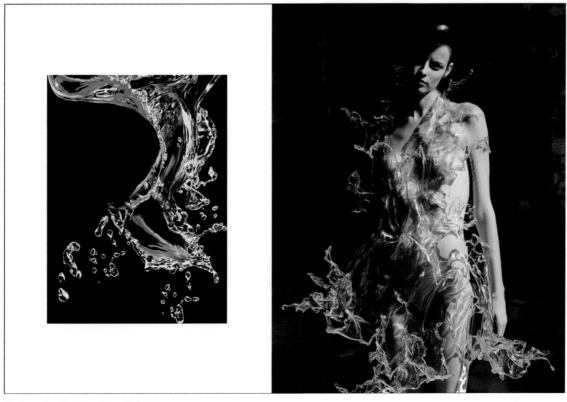

图4-1-2　艾里斯·范·荷本作品

二、重温经典

一些经典的艺术作品也可以成为创意服装的借鉴对象。这里所说的艺术作品,除了绘画、雕塑、工艺美术作品外,还包括电影、音乐、舞蹈等任意一种艺术形式。重温经典作品,每个人都会有不同的体会和启示,是非常有益的尝试。设计师杰里米·斯科特2019年在Moschino 2020春夏时装发布会上,展示了他写给西班牙画家毕加索的"情书"。但这一系列服装设计并不是建立在艺术家的作品之上,而是建立在构成毕加索世界的元素之上,例如:斗牛士、西班牙瓷砖、地中海、他的创作激情、他的调色板以及"毕加索如何提取脸部本身和抛弃对称规则的"。不仅如此,这场发布会在化妆造型与配饰上也与主题契合得天衣无缝,斗牛士夹克、立体派吉他裙和点缀着鸽子的婚纱,仿佛行走的大师画作(图4-1-3、图4-1-4)。

图4-1-3　杰里米·斯科特作品

图4-1-4　杰里米·斯科特作品局部

三、材料应用

材料对服装主题艺术风格有着重要的体现作用，不同的设计风格需要用相应的材料语言来表述。现代服装设计呈现多元化发展，各种新材料也应运而生。不同风格的面料对应相应风格的服装以表现服装的主题。因此，可以细心观察生活中的材料，发现不常见的材料，或者寻找常见材料的不常见表现方式。图4-1-5为用塑料布和热熔胶为主要材料制作的概念礼服。

四、色彩搭配

创意服装也可以从对于色彩的直观感悟为出发点，去寻找可以构成相应色彩关系的材料语言。色彩作为一种视知觉对象并非仅仅是物理性的、生理性的，它同时又是心理的、观念的，与社会历史文化相关联，被作为一种象征手段加以比附，与其他事物相联系，这些因素延伸、拓展了它的内在性质。色彩能唤起人们各种不同的情感联想，具有符号性，可以传递出丰富的文化内涵，因此色彩符号能够通过对物象视觉的认识转换成一种文化反思或一种情感表达。色彩也是一种独立的设计语言，我们可以通过对于色彩的感悟，去寻找相应的材料，最终将其转化成有特殊视觉效果的服装面料（图4-1-6、图4-1-7）。

图4-1-5　学生作业　作者：周杨明

图4-1-6　撞色表现效果

图4-1-7　杰里米·斯科特作品

五、解构、重构

解构、重构是艺术设计的永恒话题。颠覆性的解构主义建筑是我们再熟悉不过的，同样，服装设计的解构之美在于它以破坏、创新和分解构成的手法使服装的表现语言变得愈加丰富多彩。这种设计手法不但拓展了服装设计的表现空间，更是服装设计师设计思维以及个性化作品的实现途径。解构主义设计手法在服装设计中的运用为服装设计提供了无穷的灵感，也增加了服装的层次感和文化内涵，可使服装的基本形态得到改变和升华。由此可见，服装解构是展现服装美感的有效形式之一。

解构并不是表面意义上的毁坏或者分解，对于解构可以分两个方面来理解：一是"解"，即所谓的"解开、分解、拆开"，二是"构"，即"构成、重组、组合"，把两者结合起来具有"分解后构成或者打散后再重组"的意义。解构设计，其特征是把完整的物体结构进行分解后再重组设计。在艺术设计中解构具有以下特征：

① 变化。解构的形象一般表现为分散破碎、变化万千。在形态、色彩、比例以及处理方式上拥有很高的自由度，超越常规的束缚。② 残缺美。强调事物的不完整感，有意地去破坏某些局部，避免完整，刻意地将一些局部细节舍弃或者做成残损的形态，让人充满想象具有神秘感。解构的手法常会使不同部分扭转、交错、颠覆或者分解重组，给人视觉上的冲击与震撼，是一种另类美的表达。③ 动感。这种方式主要针对扭曲、倾倒、交错、拼接以及转移等具有动态的造型手法，使其营造出一种失衡、没有重心的视觉感受。④ 突变。解构设计中，各种元素和每个部分的组合拼接表现出来的是强烈碰撞的效果，极少过渡，这让作品增添了神秘和突破常规的感觉。⑤ 标新立异。解构设计就是要打破以往传统的设计模式，努力在创作设计中寻求标新立异，尽量避开墨守成规、完整不变和对称的结构。

解构作为重要的设计手段，是创造性思维的表达方式，是服装设计中表现独特设计风格的重要手法，因此被服装设计师们广泛地接纳、吸收，并运用到自己的服装作品中。解构手法的使用对服装的研究与创新具有重要的意义，深入理解灵活运用，才能把解构在服装中的美感表现得更好。日本设计师山本耀司（Yohji Yamamoto)的很多作品都运用了解构、重构的方式，是值得借鉴的范例（图4-1-8）。

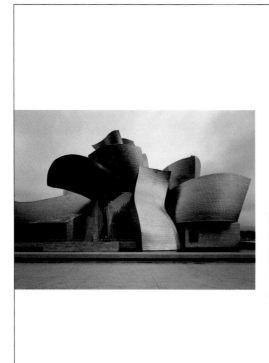

图4-1-8　日本设计师山本耀司作品

第二节 材料试验

在通过各种方法寻找灵感后，需要对收集来的生活中运用材料有意思的画面，以及收集到的材料样品进行分析和研究，制作创意面料小样，这个过程我们称之为材料试验。材料的魅力在于它有无限种可开发的表现形式，对材料研究往往从熟悉它的性能开始，是软材料还是硬材料？如何组合叠加？用什么方式可以塑型？和什么材料可以组合使用？用什么工具可以进一步加工成理想的形态？等等。

在熟悉了材料的物理化学属性后，即可以开始试验各种表现效果。以纸张为例：纸分为很多种类，有软的、硬的、透明的、不透明的、表面有光泽的、表面粗糙的，等等；软的纸巾可以像布一样抽褶、缝合，也可以用白乳胶黏结在某些器形表面，再取下来，制作一些定型的造型。当然，在制作黏结之前需要在器形表面缠绕上保鲜膜或涂抹凡士林，这样才能顺利地剥离下来，这些小的细节需要在试验过程中总结出经验。

在前面的章节中讲过纸的各种工艺形式，如折纸、纸雕、纸绳编织等。此外，纸材料还可以还原到纸浆状态，在纸浆未干时做成任何形态，干后没有痕迹，可以用来制作一些特殊的肌理效果，使用模具还可以做成各种立体形态。制作纸浆需要把纸用水和适量的白乳胶一起浸泡并捣碎，此时如需要有韧性可加棉花，若要硬度可加松香，然后一起搅拌。图4-2-1和图4-2-2为用纸浆制作的材料试验小样。

再如，金属材料包括金属丝、金属网、金属扣、铆钉、金银箔、金属辅料等。我们应该充分了解每种材料的性能和特征，做好材料试验后，再进行设计。金属丝有不同的粗细，较粗的金属丝有一定的支撑力，可以用来做结构。较细的金属丝可以用来编织一些有一定硬度的特殊形态，也可以用来缠绕出一些肌理。金属网在服装创意面料设计中使用得比较多，常用目数较高的细网和超精细网，这样的金属网质地细腻，可以像纤维面料一样轻薄，但又具有普通纤维材料没有的金属光泽和塑型能力。材质上我们多使用黄铜或紫铜，因其硬度较低，更便于工艺操作。金属扣和铆钉则属于辅料范畴，一般用来制作局部装饰（图4-2-3～图4-2-5）。

树脂材料也可以通过试验开发出很多种特殊效果。我们可以使用塑料片、塑料胶带、塑料袋、水晶板、塑料吸管、塑料绳、塑料现成品等做材料试验。树脂类材料遇热会变形，用火烧灼会变黑，图4-2-6至图4-2-7就是用打火机把剪裁好的塑料片烧灼弯曲变形后，再黏结组合成的花朵。同时，软类塑料韧性较好，可以通过编织、拼缝、制造褶皱等方式制作各种肌理；硬类树脂则可以通过切割、剪切、链接、黏合等方式组合造型。此外，生活中还有大量的塑料现成品可以作为试验对象（图4-2-8～图4-2-9），下一节的作品展示中我们可以看到此类现成品改造的服装作品。

图4-2-1　纸浆的肌理试验效果　　　　图4-2-2　纸浆的立体造型试验效果

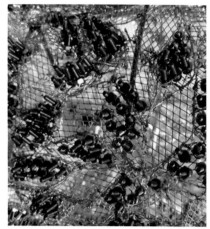

图 4-2-3　金属材料的试验效果

图 4-2-4　超细铜网的试验效果

图 4-2-6　透明塑料片烧灼的试验效果一

图 4-2-7　透明塑料片烧灼的试验效果二

图 4-2-5　铜丝编织的试验效果

图 4-2-8　彩色塑料小吸管的试验效果一

图 4-2-9　彩色塑料胶带的试验效果二

第三节 让材料动起来

让材料动起来的环节，也就是把之前的材料试验，以服装的形式展示出来，并且完成一场由学生们自己担任模特，自编自导的服装秀，让材料穿在身上动起来，赋予材料以新的生命力。下面以材料分类的形式，来展示学生们的试验成果。学生的奇思妙想和服装语言可能不够成熟，剪裁上也不够规范，但是对于非服装专业的学生来说，这是一次非常有趣的尝试。也希望能给服装专业的学生带来一些逆向思维的启发，从材料出发去做服装设计，也是可以尝试和探索的方法之一。

一、纸质材料

案例一

主题：冬日记忆

创作过程：在校园里拾起了一些凋落的树枝，用卫生纸缠绕后，有了冬季树上挂满积雪的感觉。半透明的硫酸纸，通过折叠、罗列，有了如冰般硬而清脆的质感。以这两种材料作为创作出发点，经过面料小样的多次制作尝试，完成了一件如冰雪般干净清透的服装（图4-3-1～图4-3-4）。

图4-3-1 材料准备：硫酸纸、卫生纸、干树枝

图4-3-2 面料小样制作

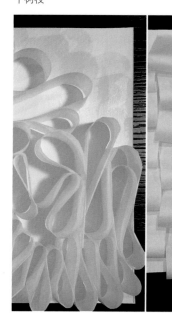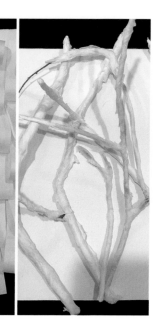

图4-3-3 面料小样展示

图4-3-4 学生作业完成效果

案例二

主题：蝶变

创作过程：创作灵感源于拉花，用硫酸纸尝试制作了一些拉花元素的材料小样，把这些小样叠摞起来，动起来的时候，会因纸之间的抻拉产生震动的视觉效果。以此延伸创作出一件服装，它穿起来宛如一只美丽的蝴蝶在轻轻扇动着翅膀（图4-3-5～图4-3-8）。

图4-3-5　材料准备：硫酸纸若干

图4-3-6　面料小样制作

图4-3-7　面料小样展示

图4-3-8　学生作业完成效果

案例三

主题：角色

创作过程：创作之初思路有些混乱，找到了手头可及的很多材料。在多次材料小样制作的试验中，逐渐找到了灵感。用黑白两色的卡纸和塑料布，结合金属现成品（易拉罐、衣架、链条等），设计完成了一个系列服装，服装造型塑造出的二次元炫酷角色或是天使、或是战士、或是暗黑风格神秘故事的主角（图4-3-9～图4-3-14）。

图4-3-9　材料准备：塑料气泡膜、白卡纸等

图4-3-10　材料准备：黑卡纸、黑色塑料袋、金属丝、易拉罐等

图4-3-11　面料小样制作

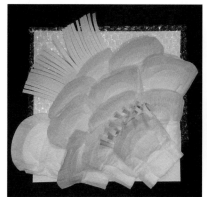

图4-3-12　面料小样展示（一）

图4-3-13　面料小样展示（二）

图4-3-14　学生作业完成效果

案例四

主题：夏日的风

创作过程：作品以白卡纸和白色海绵包装纸为主要材料。在制作面料小样时，通过在简单的几何块面上涂抹轻快的颜色来表达轻松的心情。以此延伸出的系列服装整体由几何色块构成，用几何穿插关系表现空间层次，简约的形态、清凉的色彩，宛如夏日的清风带给人舒适和惬意（图4-3-15～图4-3-18）。

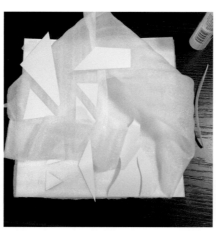
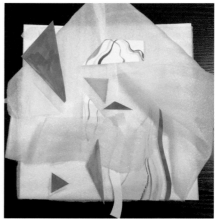

图 4-3-15　材料准备：白色卡纸、海绵包装纸　　图 4-3-16　面料小样制作一　　　　图 4-3-17　面料小样制作二

图 4-3-18　学生作业完成效果

案例五

主题：圆舞曲

创作过程：通过立体构成的方式，用最简单的几张纸，就可以创作出丰富多彩的空间结构。于是，创作之初把材料选择锁定了纸，希望用立体构成的创作方式来设计服装。通过将纸张反复折叠、穿插，一件精致的晚礼服便在指间完成，为了穿着的合体性和质感的对比效果，又加入了海绵纸等材料，使得视觉层次更加丰富（图4-3-19 ~ 图4-3-25）。

图 4-3-19　材料准备：白卡纸、黑卡纸、海绵纸等

图 4-3-20　面料小样制作过程之一

图 4-3-21　面料小样展示一

图 4-3-22　面料小样制作过程二

图 4-3-23　面料小样展示二

图 4-3-24　学生作业完成效果一

图 4-3-25　学生作业完成效果二

二、树脂材料

案例一

主题：戏

创作过程：从环保的角度出发，选择了废旧材料再利用的方式进行创作。于是，创作者收集了矿泉水空瓶，通过剪切、喷涂、排列，在材料小样制作中找到了灵感。把矿泉水瓶的瓶盖、瓶底和瓶身以不同的组合形式变身成有特殊装饰效果的透明质面料，在此基础上设计制作的服装带着一丝京剧角色的味道，材料在虚实之间闪烁，曼妙如梦（图 4-3-26 ~ 图 4-3-33）。

图 4-3-26　材料准备：矿泉水瓶、透明塑料等

图 4-3-27　面料小样制作过程

图 4-3-30　学生作业完成效果一

图 4-3-31　学生作业完成效果一局部

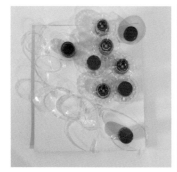

图 4-3-28　面料小样展示一

图 4-3-29　面料小样展示二

图 4-3-32　学生作业完成效果二

图 4-3-33　学生作业完成效果二局部

案例二

主题：泡泡

创作过程：收集了锡箔纸、保鲜膜、塑料袋等食品包装材料，从"吃"的材料里找到灵感。通过材料试验制作的面料小样有着水晶宫一样的透明质感，在此基础上延伸制作了一系列晶莹剔透的公主裙，把一个个塑料袋吹起，堆积成裙摆和肩饰，像是吹起的肥皂泡泡，奇妙、梦幻（图4-3-34～图4-3-38）。

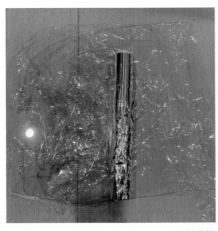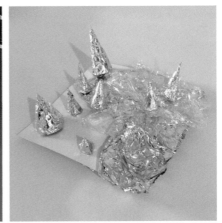

图4-3-34　材料准备：锡箔纸、透明塑料袋等　图4-3-35　面料小样制作　　　图4-3-36　面料小样展示

图4-3-37　学生作业完成效果一　　　　　　　　图4-3-38　学生作业完成效果二

案例三

主题：舞蹈的火烈鸟

创作过程：一根毛线可以通过针织工艺变成一件衣服，那么用其他材料的线绳制作服装也是可以实现的。于是，创作者找来了几捆玻璃丝带，通过编结和黏结制作了一些面料小样，以此延伸设计服装时采用了上紧下松的结构，用大量的玻璃丝带堆积起厚实蓬松的裙摆，走动起来宛如一只俏皮可爱的火烈鸟（图4-3-39～图4-3-43）。

图4-3-39　材料准备：玻璃丝带若干

图4-3-40　面料小样制作过程

图4-3-41　面料小样展示一

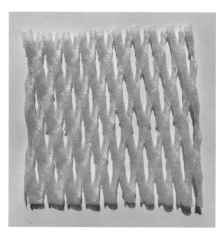

图4-3-42　面料小样展示二

图4-3-43　学生作业完成效果

案例四

主题：爱丽丝

创作过程：把透明塑料布当作面料，在面料小样制作试验中，通过折叠、卷曲、堆积做出了有层次感的褶皱和透明的花朵。把这些元素组合在一起，延伸设计了一件仙气飘飘的透明礼服，穿上这件礼服宛如爱丽丝在仙境梦游（图4-3-44～图4-3-47）。

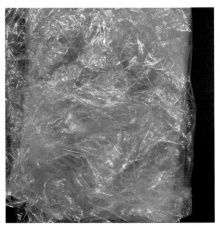

图 4-3-44 材料准备：透明软塑料布若干

图 4-3-45 面料小样制作过程

图 4-3-46 面料小样展示

图 4-3-47 学生作业完成效果

三、草木材料

案例一

主题：原始部落

创作过程：以方便筷子为主要材料，用麻绳和毛线将其捆绑、缠绕，连接在一起，再用线绳在上面拼贴出原始彩陶图案，完成面料小样设计。再将这些元素通过不同的组合方式延伸设计成服装和头饰，用最原始的捆扎方式制作出有原始部落风情的系列作品（图4-3-48～图4-3-51）。

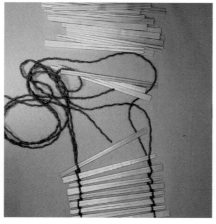

图4-3-48　材料准备：麻绳、毛线、方便筷子　图4-3-49　面料小样制作过程

图4-3-50　面料小样展示　　　　图4-3-51　学生作业完成效果

案例二

主题："海洋"生物

创作过程：从废物利用的思路出发，收集了一些干枯的玉米叶，通过粘贴、捆扎、塑型等方式制作了各种形式的面料小样。以此延伸设计出富于趣味性的海洋生物系列服装。服装造型中海参、海葵、贝壳、水母等形象怪诞的小生物，仿佛浮游在沙漠里的那片海（图4-3-52～图4-3-59）。

图 4-3-52　材料准备：玉米叶、玉米棒等

图 4-3-53　面料小样制作过程一

图 4-3-54　面料小样制作过程二

图 4-3-55　面料小样展示

图 4-3-56　学生作业完成效果一

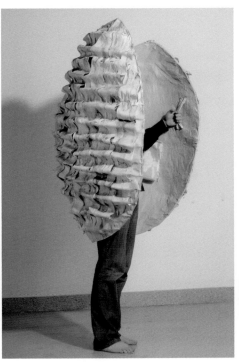

图 4-3-58　学生作业完成效果三

图 4-3-57　学生作业完成效果二

图 4-3-59　学生作业完成效果四

四、其他材料

案例一

主题：映日荷花

创作过程：作品以薄海绵、透明塑料、塑料吸管为主要材料，利用薄海绵挺括的材料特性，塑造出立体的服装结构，再通过喷色做出颜色的渐变效果，通过添加吸管增加服装结构的线性语言，使服装语言更为饱满。此系列服装作品渲染出了映日荷花别样红的繁盛景象，微风拂煦，花香飘逸（图4-3-60～图4-3-62）。

图4-3-60　材料准备：薄海绵（喷色）、塑料吸管

图4-3-61　面料小样展示

图4-3-62　学生作业完成效果

案例二

主题：中古摩登

创作过程：把生活中常见的材料做出不常见的效果。按照这个选材原则，找到了钢丝球材料。经过抻拉，钢丝球变得松散有弹性，搭配白纱做出的面料小样有了意想不到的效果，钢丝球的金属质感使面料显得高级而有质感。以此延伸在接下来的服装设计中又融入了黑色塑料，使服装有了明晰的黑、白、灰层次，整个系列作品很有复古的摩登感（图4-3-63～图4-3-65）。

图4-3-63　材料准备：钢丝球、黑色　图4-3-64　面料小样展示　　　图4-3-65　学生作业完成效果
塑料袋、白色网纱

案例三

主题：棒棒糖

创作过程：把棉花包裹起来并染色，以此做出的高饱和度彩色小球，像糖果一样，似乎有着甜甜的味道。再把这些彩色小球按照色系统一起来，装饰在用口罩纱布缠绕而成的打底衣上，彩色球球们或聚集或散落，像是在演奏欢乐的歌曲。此系列服装俏皮可爱，有着甜美的少女气息（图4-3-66～图4-3-68）。

图4-3-66　材料准备：棉花、白色纱布　图4-3-67　面料小样展示　　　图4-3-68　学生作业完成效果

五、现成品材料

案例

主题：万圣节

创作过程：以气球和皱纹纸为主要材料，五颜六色的气球有着浓郁的节日气氛，把颜色和形状不同的气球吹起，用点线面的构成形式排列起来，做成的服装荒诞浮夸却也俏皮。穿着走动时，气球或飘起或碰撞，欢快喜悦的气氛瞬间燃起，热闹非凡，仿佛走在了万圣节游街的人群里（图4-3-69～图4-3-71）。

图4-3-69　材料准备：气球、皱纹纸

图4-3-70　面料小样展示

图4-3-71　学生作业完成效果

结语

　　本书从创意面料开发的角度，深度挖掘多种材料的创新表现效果，拓展材料的跨界创新应用范畴，寻找服装面料的更多表达语言。随着科技的发展，新面料层出不穷，书中对新型的 3D、4D 打印服装和前沿的生物面料也做了系统讲解。希望和大家一起建立一种材料思维模式，探索材料、研究材料。本书在写作过程中借鉴了大量相关书籍、论文和网络资料，统一在参考文献页标注。感谢分享资源的每一位同仁，也欢迎大家针对书中的不足之处，提出您的宝贵意见。

参考文献

[1] 阿黛尔. 时装设计元素：面料与设计 [M]. 朱方龙，译. 北京：中国纺织出版社，2010.

[2] 卞向阳. 国际服装名牌备忘录：卷一 [M]. 上海：东华大学出版社，2007.

[3] 胡丽容. 残破型创意面料的"美意"[J]. 艺术与设计（理论），2009，2（6）：236-238.

[4] 黄然. 从面料的角度谈服装设计中的褶皱艺术 [J]. 艺术研究，2018，31（5）：107-108.

[5] 伏蓉. 现代服装设计中绗缝的艺术表现分析 [J]. 大众文艺，2017（15）：82.

[6] 石娜娜. 服装面料造型设计之刺绣应用 [J]. 设计，2015（11）：113-115.

[7] 魏玉龙. 编结手工艺在现代服装设计中的应用 [J]. 大众文艺，2013（8）：131-132.

[8] 胡筱. 基于服装设计专业背景的手工印染课程教学研究 [J]. 时尚设计与工程，2018（4）：44-46.

[9] 杨绍桦. 关于金属材料在服饰设计中的应用研究 [D]. 大连：大连工业大学，2012.

[10] 杨欣，徐诗怡. 非服用材料在创新服装设计中的应用 [J]. 科技风，2015（5）.

[11] 张植屹. "生态服装"或将成为 21 世纪服装发展的主流 [J]. 教育教学论坛，2012（26）：92-93.

[12] 陆平. 浅谈运用折纸艺术表现服装设计的形式美 [J]. 湖北广播电视大学学报，2012（32）10：75-76.

[13] 李慧，倪进方. PVC 玻纤布在服装设计中的实践研究 [J]. 纺织导报，2018（1）：85-87.

[14] 侯昕志. 基于 3D 打印技术的服装设计创新应用 [J]. 设计，2017（15）：110-112.

[15] 谢展，沈童，贺义军. 基于 3D 打印技术的服装设计要素研究 [J]. 轻纺工业与技术，2016，45（6）：81-83.

[16] 刘树英，晏弗富·克里斯蒂娜. 4D 打印将颠覆未来时装产业 [J]. 中国纤检，2016（7）：124-127.

[17] 余晖. 这些连模特都不好意思穿的 3D 打印服装 [EB/OL]. [2020-03-22]. http://oa.zol.com.cn/542/5429845_all.html.

[18] 莫松萌，张永幸. "菠萝衣袜"出路在哪？[EB/OL]. [2020-01-28]. http://szb.gdzjdaily.com.cn/zjrb/html/2015-03/19/content_1881005.htm.

[19] 当时尚与科技完美结合 |Lauren Bowker 利用风感墨水创造出惊人的服装面料！[EB/OL]. [2019-11-17]. https://www.sohu.com/a/114812976_500095.

[20] 全球第一件 4D 打印裙诞生，真正的私人订制时代要来了 [EB/OL]. [2019-09-05]. https://www.tmtpost.com/1452192.html.

[21] 吴迪. 人类在新材料这件事上的想象力，已经不只局限于地球了 | 吴迪 一席第 753 位讲者 [EB/OL]. [2020-07-18]. https://mp.weixin.qq.com/s/rNGdpcgPtDKBOPJ___s42lA.

[22]GRACE L11. STEAMD TECH| 新玩家入行，生物设计浪潮再次兴起 # 大赛推荐 #. [EB/OL]. [2020-03-13]. https://mp.weixin.qq.com/s/RWDzD-9xkWUGnz1mRxZK4Q.

[23] 张海涛. 西方生物艺术简史 (1933—2018)——新伦理艺术运动 [EB/OL]. [2019-08-18]. https://www.artda.cn/yishusichao-c-11058.html.